住房城乡建设部土建类学科专业“十三五”规划教材
2024 年福建省职业教育在线精品课程配套教材
高等职业教育建筑设计类专业系列教材

室内模型装饰设计与制作

第 2 版

主　编　薛丽芳　刘会营
参　编　马安萍　陈益明
许可越　江泽平

机 械 工 业 出 版 社

本书打破原有的课程体系，以工作岗位需求为切入点，突出室内模型制作能力的培养，淡化室内模型的理论知识；以学生手工实际操作案例图解步骤为主线，以室内模型制作项目为具体工作任务进行教学内容改革，编写出具有实用性、观赏性的室内模型制作步骤解析。本书对传统室内模型制作的教学内容进行了综合取舍，强化手工实际操作步骤的案例图解内容，用简单、便宜的材料制作出精美的室内模型作品。本书主要内容由室内模型理论与基础、室内模型制作方法与训练、室内模型作品的拍摄与赏析三个模块构成。

本书可作为高职及本科院校相关专业的教学用书，也适合爱好室内模型制作的初级读者使用。

为方便教学，本书配有丰富的教学资源，包括课程标准、电子教案、电子讲义、电子课件、视频、动画、题库等。凡使用本书作为教材的教师，均可登录 www.cmpedu.com 下载配套资源。如有疑问，可拨打编辑电话 010-88379375。

图书在版编目（CIP）数据

室内模型装饰设计与制作/薛丽芳，刘会营主编．—2版．—北京：机械工业出版社，2024.5（2025.8重印）

高等职业教育建筑设计类专业系列教材

ISBN 978-7-111-75644-6

Ⅰ．①室… Ⅱ．①薛… ②刘… Ⅲ．①室内装饰设计—高等职业教育—教材 Ⅳ．①TU238.2

中国国家版本馆CIP数据核字（2024）第078729号

机械工业出版社（北京市百万庄大街22号 邮政编码100037）

策划编辑：陈紫青 责任编辑：陈紫青

责任校对：曹若菲 张 征 封面设计：鞠 杨

责任印制：常天培

北京联兴盛业印刷股份有限公司印刷

2025年8月第2版第2次印刷

210mm×285mm · 11.5印张 · 337千字

标准书号：ISBN 978-7-111-75644-6

定价：55.00元

电话服务 网络服务

客服电话：010-88361066 机 工 官 网：www.cmpbook.com

010-88379833 机 工 官 博：weibo.com/cmp1952

010-68326294 金 书 网：www.golden-book.com

 机工教育服务网：www.cmpedu.com

作者简介

薛丽芳，福建仙游人，副教授，高级工艺美术师，中国美术家协会会员，福建美术家协会会员，福建省职业教育教科研组成员，湄洲湾职业技术学院专业带头人。主编《室内模型装饰设计与制作》等教材，多篇论文及作品在《美术》《美术大观》等核心期刊及专业期刊发表，个人作品曾入选第十三届全国美术作品展览，作品多次入选中国美术家协会主办的国家级核心展览。

序

Preface

室内设计是一门空间的艺术。过去的教学大都是通过想象或在平面图纸上塑造室内空间的六个面，忽略了模型制作。模型制作辅助设计，很多人以为源自西方，殊不知，我国古代早就有之。《说文解字》注曰：“以木为法曰模，以竹为之曰范，以土为型，引申之为典型。”其实质就是模型的概念。在营建之前，以模型的形式出现，得到相关方认可，方能施工。我国出土的汉代陶楼，虽然是明器，随葬地下，但其实质是模型的雏形。唐代之后，凡是大型建筑工程，除了要绘制地盘图、界画以外，还要求根据图纸制作模型。清代出现的雷氏家族，就是以模型制作出名，人称“样式雷”，营建之前采用烫样，烫样与今天制作的模型相差无几。

实体模型制作是一种常用的设计方法，其作用并不在于制作实体模型本身，而在于通过模型制作辅助设计，交流的双方可以很轻松地对话，空间的分隔、材料的运用、色彩的控制、节点的把握等室内设计的关键问题变得通俗易懂，这在高等院校艺术设计相关专业中是一门不可或缺的课程，也是使中华优秀传统文化得到创造性转化的一种方式，体现了党的二十大精神。

本书简明实用，针对性、专业性强。首先，作者是从事建筑室内设计专业教学的老师，熟悉模型制作课程，教学方式由浅入深，按步骤详细地编写模型手工制作方法、技巧等，介绍了较为实用的材料和工具，让初学者易学易用，轻松掌握；此外，本书充分结合室内设计课程的各个阶段，以大量的实际案例讲解不同阶段所需模型的制作过程、制作精度要求、比例要求和所需材料工具等，而不是把模型材料、制作工具笼统、简单地罗列出来。事实上，不同设计阶段制作模型的方式是不同的。随着设计进程的进展，需要制作数个模型，读者在这个过程中需逐步了解不同材料的加工制作方法。本书的重点就是通过制作模型辅助设计，让读者学会在不同的设计阶段采用多种模型的制作方法。书中附有大量的图片，图文并茂，清晰准确地讲解了模型的制作过程以及目的，对于不同材质的模型板采取的方法也有所差别。

本书适用于建筑室内设计专业的学生及相关专业的从业人员，读者可通过阅读此书，达到自学的目的。书中所选择的模型实例均来自作者多年实践教学成果中的优秀作品，使读者在学习模型制作的同时，获得灵感的激发和审美的愉悦，这对读者设计能力的培养、审美能力的提高大有裨益。

汪晓东
集美大学美术学院副教授
艺术设计学博士、硕士生导师

二维码视频列表

序号	对应正文内容		二维码	页码
1	项目 1	1.1	模型的概念	1
2	项目 1	1.2	模型的类型	2
3	项目 1	1.2	模型按用途分类	5
4	项目 1	1.3	模型的比例	13
5	项目 1	1.4	室内模型的制作原则	15
6	项目 2	2.1	室内模型制作的材料	18
7	项目 2	2.2	室内模型制作的工具设备	23
8	项目 3	3.1、3.2	室内模型装饰设计草图 方案构思与室内平面图绘制	28
9	项目 3	3.3	色彩的基础理论	30
10	项目 3	3.3	室内模型的色彩设计	32
11	项目 3	3.3	室内模型的色彩配置原则	36
12	项目 3	3.3	马克笔上色表现技法	37
13	项目 3	3.3	丙烯上色表现技法	40
14	项目 3	3.3	喷漆上色表现技法	42
15	项目 4	4.2	以 KT 板为主材制作茶几模型	54
16	项目 4	4.2	以 KT 板为主材制作电视柜模型	55
17	项目 4	4.2	以 KT 板为主材制作电视机模型	57
18	项目 4	4.2	以 KT 板为主材制作沙发模型	58

（续）

序号	对应正文内容		二维码	页码	序号	对应正文内容		二维码	页码
19	项目 4	4.2	以 KT 板为主材制作鞋柜模型	61	29	项目 4	4.2	以 KT 板为主材制作洗手池模型	82
20	项目 4	4.2	以 KT 板为主材制作矮柜模型	63	30	项目 4	4.2	以 KT 板为主材制作衣柜模型	83
21	项目 4	4.2	以 KT 板为主材制作餐椅模型	65	31	项目 4	4.2	在室内模型中摆放做好的家具电器等	85
22	项目 4	4.2	以 KT 板为主材制作餐桌模型	66	32	项目 5	5.1、5.2	以亚克力板为主材 制作室内墙体及门窗模型	92
23	项目 4	4.2	以 KT 板为主材制作厨房吊柜模型	68	33	项目 5	5.3	以亚克力板为主材制作入户花园模型	97
24	项目 4	4.2	以 KT 板为主材制作灶台橱柜模型	69	34	项目 5	5.3	以亚克力板为主材制作沙发模型	99
25	项目 4	4.2	以 KT 板为主材制作卧室床模型	71	35	项目 5	5.3	以亚克力板为主材制作茶几模型	105
26	项目 4	4.2	以 KT 板为主材制作靠枕模型	77	36	项目 5	5.3	以亚克力板为主材 制作矮凳和电视机模型	106
27	项目 4	4.2	以 KT 板为主材制作书架榻榻米模型	78	37	项目 5	5.3	以亚克力板为主材制作落地灯模型	108
28	项目 4	4.2	以 KT 板为主材制作书桌模型	81	38	项目 5	5.3	以亚克力板为主材 制作电视柜和电视背景墙模型	109

（续）

序号	对应正文内容		二维码	页码
39	项目 5	5.3	以亚克力板为主材制作沙发背景墙模型	110
40	项目 5	5.3	以亚克力板为主材制作客厅家具模型	111
41	项目 5	5.3	以亚克力板为主材制作阳台模型	112
42	项目 5	5.3	以亚克力板为主材制作餐桌模型	115
43	项目 5	5.3	以亚克力板为主材制作盆栽模型	117
44	项目 5	5.3	以亚克力板为主材制作餐椅模型	118
45	项目 5	5.3	以亚克力板为主材制作厨房模型	119
46	项目 5	5.3	以亚克力板为主材制作工作室模型	124
47	项目 5	5.3	以亚克力板为主材制作次卧的地面、床模型	129
48	项目 5	5.3	以亚克力板为主材制作次卧的被子、枕头模型	131
49	项目 5	5.3	以亚克力板为主材制作次卧床头柜和主次卧飘窗模型	133
50	项目 5	5.3	以亚克力板为主材制作主卧床模型	135
51	项目 5	5.3	以亚克力板为主材制作主卧被子模型	137
52	项目 5	5.3	以亚克力板为主材制作次卧床飘纱、主卧床头柜模型	139
53	项目 5	5.3	以亚克力板为主材制作主卧衣柜、香水瓶模型	140
54	项目 5	5.3	以亚克力板为主材制作梳妆镜、梳妆椅和主卧电视机模型	142
55	项目 5	5.3	以亚克力板为主材制作卫生间陈设模型	144
56	项目 5	5.3	以亚克力板为主材的室内模型家具的摆设	146
57	项目 6		室内模型观赏罩的装饰设计与制作	148
58	项目 7		室内模型作品的拍摄	153

目录

Contents

模块1 室内模型理论与基础

项目1 基本理论知识

项目概述

本项目主要讲述室内模型设计在整个室内设计课程中的作用，学习的方法、课程提纲；在专业知识上，学习室内模型的概念、类型、比例、制作原则，为后续课程打下理论基础。

知识目标

- 了解室内模型装饰设计的发展现状及趋势。
- 掌握模型制作的用途和模型分类方法。
- 掌握模型比例的计算和缩放方法。
- 掌握模型制作原则的内涵和核心理念。

能力目标

- 能熟练应用室内模型制作的设计理念开展模型制作准备工作。
- 能进行模型制作行业市场调研分析，提高实地踏勘能力，建立市场调研档案。
- 能识别各种模型的分类和用途。
- 能根据业主要求的比例尺寸，计算正确的模型比例尺度。

素质目标

本项目通过列举《说文解字》、王士源《〈孟浩然集〉序》、北京世界公园等案例弘扬民族精神，激发学生的责任感、使命感和爱国热情；了解模型制作的历史与未来发展方向，探讨室内模型制作过程可能遇到的各种问题，培养解决问题的能力。

1.1 模型的概念

模型的概念

模型，一般分为实体模型（具有重量和体积的实体物件）和虚拟模型（通过数字表现用电子数据构成的形体），通常是指用于试验、展览或者铸造机器零件等使用的模子。公元121年成书的《说文解字》注曰：“以木为法曰模，以竹为之曰范，以土为型，引申之为典型。”就是指在构建营造之前，使用简单直观的模型来进行更加方便的展示，忖衡尺度，审时度势，在方寸之间通过微观却又详细细致的制作展现出它的建筑构造。

《辞海》中对“模型”的解释：模型就是根据实物、设计图纸、设想，按比例、生态或其他特征支撑的同实物相似的物。

我国近现代模型的快速发展和应用是随着房地产产业兴起的。在20世纪90年代以前，建筑模型并非一个独立的行业，它只是广告公司的附属产业，直到1992年，深圳出现了专门从事建筑模型设计制作的公司。建筑模型设计制作业务逐渐扩展到北上广等城市，建筑模型也逐渐从广告公司中分离出来，成为一个独立的行业。其中，室内模型和小区规划模型逐渐成为房产开发商推销楼盘的重要演示工具。

模型是设计的一种直观的表达方式，是指设计师把自己的想法、设计理念运用各种不同的材料、技巧和手段塑造成三维立体的形式，并通过内在和外在的比较关系，以适当的比例制成的缩样小品。

室内模型是按照一定的比例将建筑室内环境进行微缩，运用三维立体模型来直观展示空间视觉形象，并且综合运用色彩、空间、肌理、质感、体量等元素向人们传达设计者的设计内涵和意图。

实体模型是设计师与受众沟通的一座很重要的桥梁，它可以使交流的双方很轻松地对话，通过模型制作辅助设计，空间的分隔、材料的运用、色彩的控制、节点的把握等设计的关键问题通过模型实体展示变得通俗易懂，因此室内模型制作是高校室内设计专业非常重要的一门课程。

1.2 模型的类型

模型的类型

模型的种类较多，目前还没有文献记载从某个角度对其进行全面的分类归纳。如从设计主题方面看，模型不仅是辨识和分析的工具，而且是形式表达的发展和应用。从设计分析方面看，模型是进行造型推敲和空间形态分析的参照物。从设计成果展示方面看，模型可为设计作品提供三维立体空间的展示。从内容的角度看，模型可分为建筑模型、城市规划模型、园林景观模型、室内模型、商业展示模型、产品与家具模型等。从时代的角度看，模型可分为仿古建筑模型、现代设计模型、未来概念模型。从制作工艺的角度看，模型可以分为手工制作模型、手工与机械结合制作模型、计算机制作模型、3D打印模型等。各类模型如图1-1～图1-26所示。

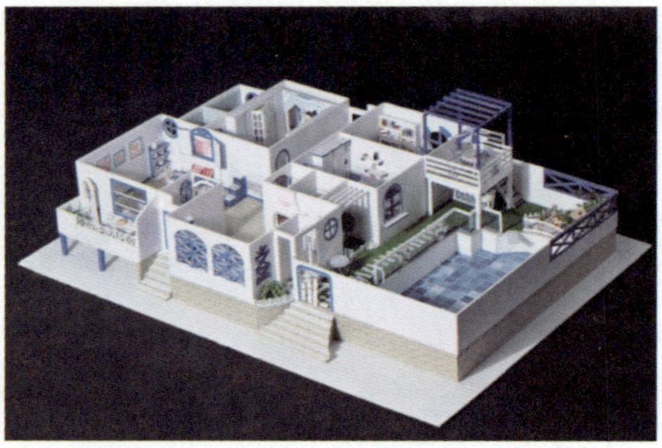

图1-1 室内模型1 赵舒恒、郑钰涵
指导教师：薛丽芳 湄洲湾职业技术学院

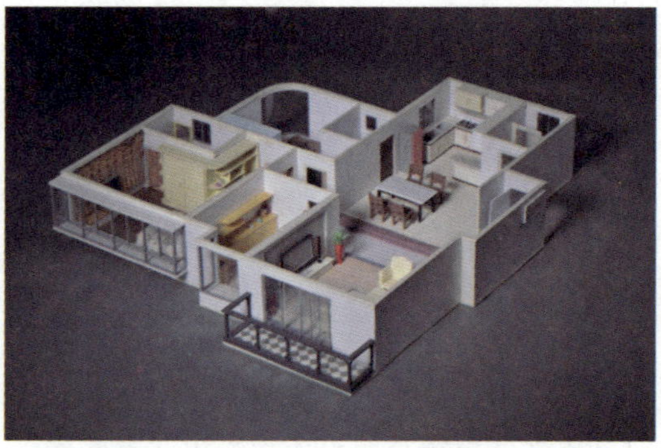

图1-2 室内模型2 陈柄林
指导教师：薛丽芳 湄洲湾职业技术学院

图1-3 城市规划模型1 厦门城市规划展览馆

图1-4 城市规划模型2 厦门城市规划展览馆

图 1-5 城市规划模型 3 厦门城市规划展览馆

图 1-6 城市规划模型 4 厦门城市规划展览馆

图 1-7 园林景观模型 1 厦门城市规划展览馆

图 1-8 园林景观模型 2 厦门城市规划展览馆

图 1-9 园林景观模型 3 厦门城市规划展览馆

图 1-10 园林景观模型 4 厦门城市规划展览馆

图 1-11 园林景观模型 5 厦门城市规划展览馆

图 1-12 园林景观模型 6 厦门城市规划展览馆

图 1-13　仿古建筑模型　厦门城市规划展览馆

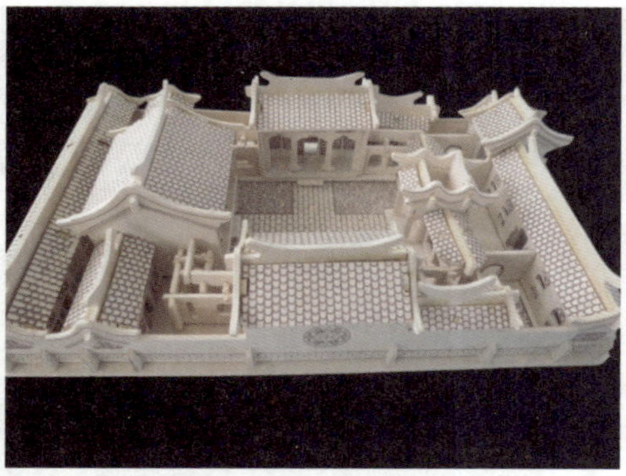

图 1-14　3D 打印模型　木制仿古

图 1-15　木制景观模型　厦门城市规划展览馆

图 1-16　竹制手工模型

图 1-17　木制产品模型

图 1-18　塑料模型

图 1-19　产品模型

图 1-20　竹制手工家具模型

图 1-21　陶瓷模型

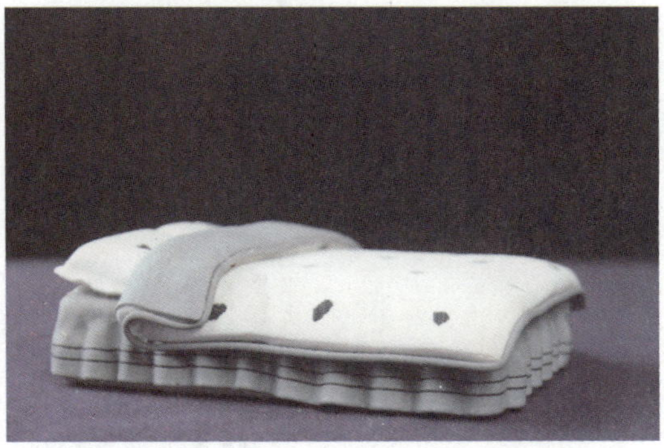

图 1-22　陶艺家具模型

图 1-23　手工家具模型 1　肖秋明
指导教师：薛丽芳　湄洲湾职业技术学院

图 1-24　手工家具模型 2　赵舒恒
指导教师：薛丽芳　湄洲湾职业技术学院

图 1-25　手工家具模型 3　刘熠珍
指导教师：薛丽芳　湄洲湾职业技术学院

图 1-26　手工家具模型 4　湄洲湾职业技术学院学生作品

模型一般按用途与材料两方面进行分类。

1. 模型按用途分类

模型按用途分类

模型按用途可以分为四类。第一类是设计分析模型，第二类是表现模型，第三类是房产销售模型，第四类是特殊展示模型。无论哪种类型的模型，都是平面向立体的转化，即把图纸上的平面、立面垂直发展成为三度空间形体来形象地表达设计师的思想。

（1）设计分析模型

设计分析模型是设计方案前期常用的一种方案分析手段。它以表现设计的方案为目的，强调对设计方案的推敲和创意的表达，相当于完成了设计方案的立体草图，只是以实际的模型制作代替了用笔绘制的草图，其优越性显而易见，同时更有利于对方案构思的深入分析。

设计分析模型广泛地被建筑师、园林设计师和室内设计师所掌握，主要是因为它是设计师的一种模型初稿。在进行建筑设计时，可用模型来辅助表现建筑的体块关系；进行结构分析研究时，可用模型来解剖内在结构，找出问题所在。

图 1-27、图 1-28 为厦门理工学院学生的毕业设计作品。图 1-27 是典型的室内空间设计分析模型，模型注重对室内空间整体关系的推敲与把握，运用厚纸板十分简要地表现出室内建筑的体块关系。

图 1-28 展示的是景观规划设计模型，模型主要表现了建筑与环境之间的关系，用概念的体块表现出建筑环境空间的体块关系。与传统的图纸相比，模型更加生动立体。图 1-29 ～图 1-31 为设计构思模型，这类模型相当于设计师的工作草图，表现手法比较朴实简单，易于手工制成。图 1-32 为厦门城市规划展览馆的厦门音乐中心建筑概念设计模型，模型运用木板、有机玻璃、棉花等材质概念性地表现了作者的设计理念。

设计分析模型通常采用简单的办法和易加工的材料快速加工而成，多采用木板、厚纸板或厚卡纸进行制作。在制作过程中不对细节做过多考虑，重点对设计方案进行分析。

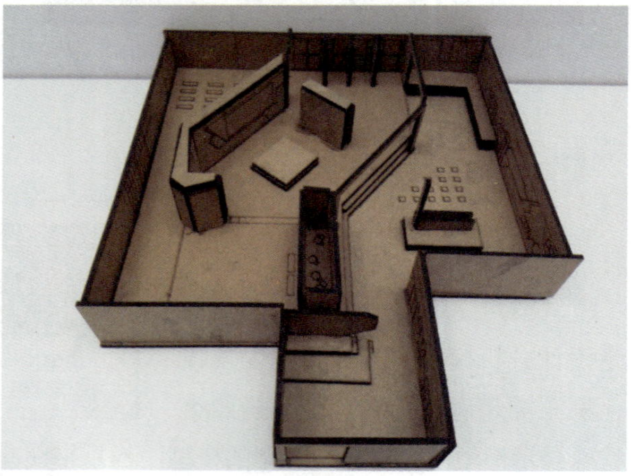

图 1-27 设计分析模型 1 厦门理工学院学生作品

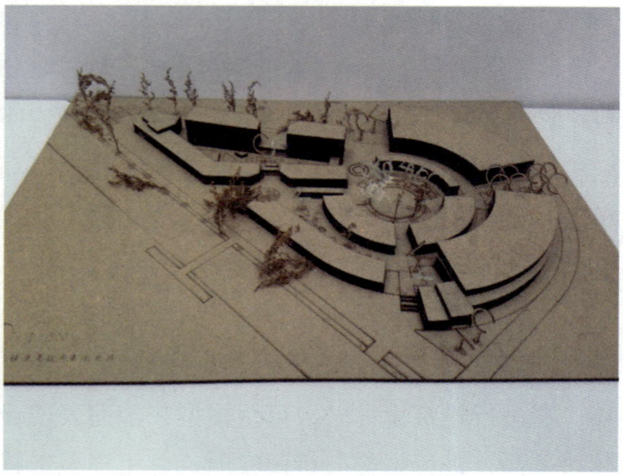

图 1-28 设计分析模型 2 厦门理工学院学生作品

图 1-29 设计构思模型 1 麻勇彬
指导教师：薛丽芳 湄洲湾职业技术学院

图 1-30 设计构思模型 2 麻勇彬
指导教师：薛丽芳 湄洲湾职业技术学院

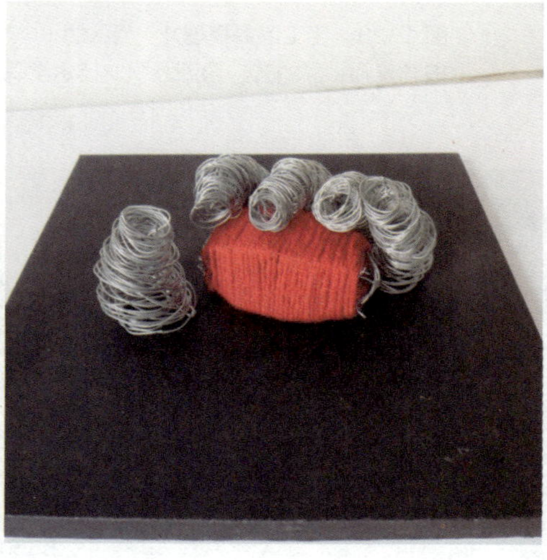

图 1-31 设计构思模型 3 麻勇彬
指导教师：薛丽芳 湄洲湾职业技术学院

图 1-32 概念设计模型 厦门城市规划展览馆

（2）表现模型

表现模型作为建筑与环境艺术设计的重要表现形式，具有直观性的突出优点和独到的表现力。这类模型的设计制作不同于设计分析模型，它是以设计方案的总图、平面图、立面图为严格的依据，按比例模数微缩得十分准确。表现模型注重对设计方案的真实表现，它是设计方案实施效果的真实展示（图 1-33 ～图 1-36）。

图 1-33 表现模型 1 厦门城市规划展览馆

图 1-34 表现模型 2 厦门城市规划展览馆

图 1-35 表现模型 3 湄洲湾职业技术学院

图 1-36 表现模型 4 徐玉灵
指导教师：薛丽芳 湄洲湾职业技术学院

图 1-33 为闽南红砖民居表现模型，模型比例为 1:200，我们可以看到，模型应用精确的比例关系、细腻的表现手法把闽南红砖民居的特色和周围环境十分真实地表现出来。图 1-34 为鼓浪屿历史风貌区表现模型，模型比例为 1:380，模型的细节都是鼓浪屿实景的真实表现，较好地呈现了鼓浪屿景区微缩后的造型。图 1-35 和图 1-36 为湄洲湾职业技术学院学生作品，模型十分细致地表现了室内空间布局、家具陈设，包括室内装饰摆设、图书等细节。

（3）房产销售模型

房产销售模型是房地产商宣传房地产售楼所用，通常见于大型房地产交易会、地产售楼中心、大型高档商场等。这类模型多采用机器加工，做工精巧细致，多选用新型模型材料。在制作上注重对模型整体环境的塑造，多采用鲜艳跳跃的色彩和炫目的灯光以吸引顾客的眼球（图 1-37 ～图 1-39）。

（4）特殊展示模型

特殊展示模型是指因特殊用途、特殊功能和特殊效果而制作的模型，其特点是综合性较强，制作工艺讲究，通常使用机械、电子及现代化装饰艺术手段，使模型具有发声、发光、流水、旋转、声光同步、计算机自动化控制等特殊功能。图 1-40 ～图 1-42 是厦门市总体规划模型，是超大尺寸的展示模型。模型十分逼真地反映出城市未来发展的规模，在沙盘中运用不同的灯光对模型进行分组展示突出模型的主体；运用先进的材料表现出水面的效果，园林景观绿化植被丰富精致，声光同步，模型具有专业性、前瞻性。同时模型背景配置超大屏幕，随时播放厦门总体规划演示片，参观者可在观赏模型的同时，了解厦门市总体规划的宏伟目标。

图 1-37 房产销售模型 1 厦门泰地置业有限公司

图 1-38 房产销售模型 2 厦门泰地置业有限公司

图 1-39 商业建筑沙盘模型 厦门融信・海上城

图 1-40 城市规划大模型局部 1 厦门城市规划展览馆

图 1-41 城市规划大模型局部 2 厦门城市规划展览馆

图 1-42 城市规划大模型局部 3 厦门城市规划展览馆

2. 模型按材料分类

（1）纸质模型

纸质模型是利用各种不同厚度和不同质感的卡纸来制作模型，并采用刻、切、剪、折、粘贴、喷绘等手段进行加工。纸质模型适合初学者构思模型的训练和短期模型的制作，纸质材料加工简便，具有容易裁切、弯折和粘合的特点且经济实惠，制作容易出效果，可以对概念设计模型进行直接表达，是建筑及环境艺术专业的学生需要熟练掌握的一项表现技能（图 1-43 ～图 1-47）。

（2）发泡塑料板模型

KT 板等发泡塑料是目前被设计院校广泛采用的一种模型制作材料。KT 板是一种由 PS 颗粒经过发泡生成主板芯，表面覆膜压合而成的材料，板体轻盈、挺拔、不易变质、易于加工，可直接在板上印刷、喷漆、上胶、喷绘等。KT 板发泡塑料板价格低廉，较适合学生及模型制作初学者使用，适用于建筑模型、区域规划模型、室内模型、室内家具陈设模型等（图 1-48 ～图 1-55）。

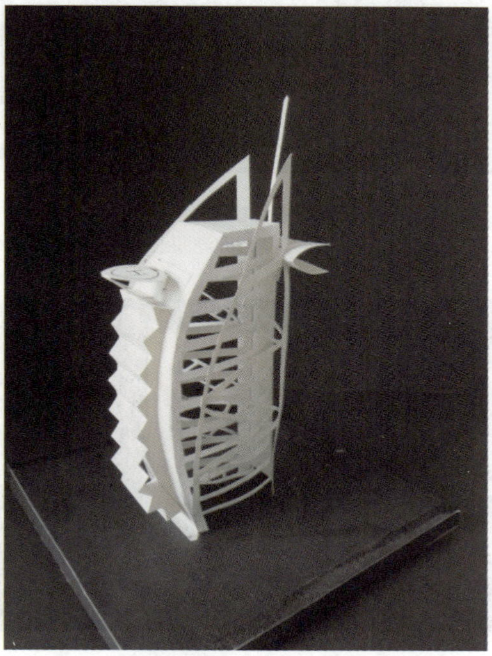

图 1-43　纸质模型 1　肖秋明
指导教师：薛丽芳　湄洲湾职业技术学院

图 1-44　纸质模型 2
厦门理工学院学生作品

图 1-45　纸质模型 3　兰杨娇
指导教师：薛丽芳　湄洲湾职业技术学院

图 1-46　纸质模型 4　福州大学厦门工艺美术学院

图 1-47　纸质模型 5　林思文
指导教师：薛丽芳　湄洲湾职业技术学院

图 1-48　KT 板室内模型 1　康婉婷、陈丹
指导教师：薛丽芳　湄洲湾职业技术学院

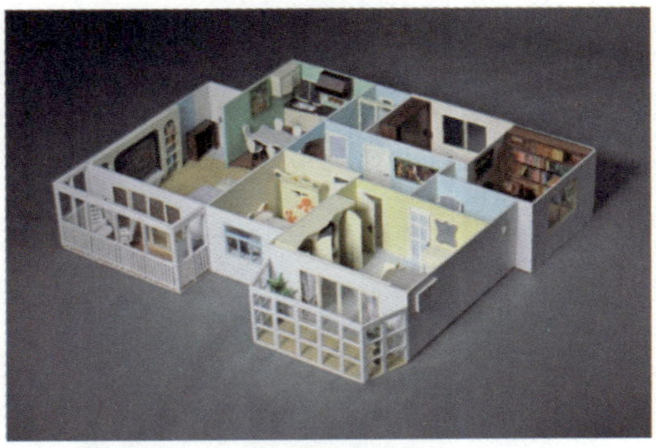

图 1-49 KT 板室内模型 2 黄幼珍、郑锋
指导教师：薛丽芳 湄洲湾职业技术学院

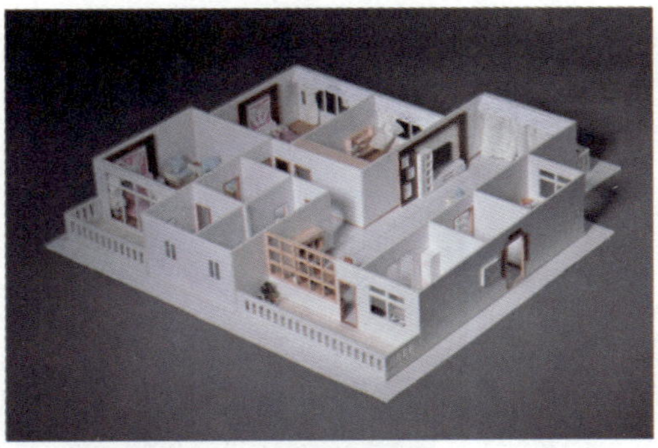

图 1-50 KT 板室内模型 3 钟奶荣
指导教师：薛丽芳 湄洲湾职业技术学院

图 1-51 KT 板室内模型 4 刘坤朴、郑伟玲
指导教师：薛丽芳 湄洲湾职业技术学院

图 1-52 KT 板室内模型局部 1 赵舒恒、郑钰涵
指导教师：薛丽芳 湄洲湾职业技术学院

图 1-53 KT 板室内模型局部 2 陈柄林
指导教师：薛丽芳 湄洲湾职业技术学院

图 1-54 KT 板展示模型 1 汤巧娟、林芳等
指导教师：薛丽芳 湄洲湾职业技术学院

图 1-55 KT 板展示模型 2 林园梅等
指导教师：薛丽芳 湄洲湾职业技术学院

（3）有机玻璃模型

有机玻璃模型具有材质高档、表面透明、易于加工、容易制作出精致的细节等综合效果进行表现的特点。目前有机玻璃模型已被设计专业院校广泛采用，尤其在一些大型的建筑项目投标中受到普遍的欢迎，同时也广泛应用在房地产项目的展示中。有机玻璃板特别适合表现建筑室内模型制作的墙体结构，可以让观众直观地看到室内外的空间布局与装饰（图 1-56～图 1-58）。

图 1-56　有机玻璃模型 1　厦门城市规划展览馆

图 1-57　有机玻璃模型 2　厦门城市规划展览馆

图 1-58　有机玻璃模型 3　厦门城市规划展览馆

（4）木质模型

木质模型主要采用胶合板制作，用一般木工工具就可以加工，也可运用雕刻机雕刻平面图等，制作工艺简单，但切割刀具要求锋利，切割时边角的处理一定要细致到位。木质模型的表现风格简洁质朴，多用于设计院校学生对构思方案的表达（图 1-59～图 1-61）。

（5）综合材料模型

综合材料模型采用多种材料组合制作而成，适用于规划模型、展示模型和室内模型制作。如在室内模型制作中，墙体运用透明有机玻璃制作，地板上贴印有花岗石纹和木纹的仿花岗石板材的粘贴纸，客厅背景贴上一层印有砖纹、石纹或木纹的墙纸等。图 1-62 是典型的综合材料模型，模型的墙体用有机玻璃板制作，地面粘贴带有纹理的瓷砖纸表现瓷砖的质感，沙发和床品则选用布艺进行表现。这类模型将多种材料组合在一起，达到方案实施后的逼真效果，具有很强的视觉冲击力（图 1-62～图 1-65）。

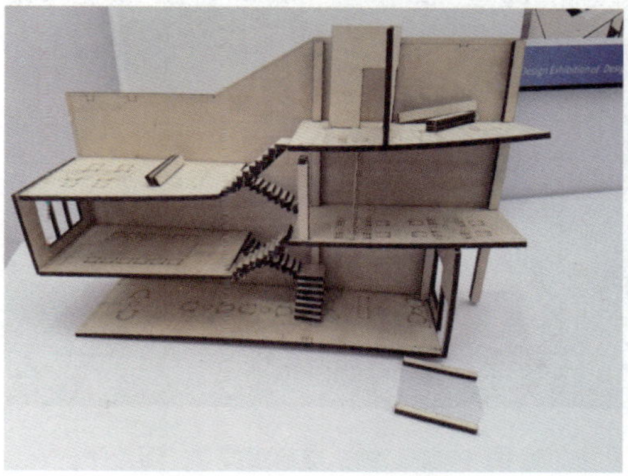

图 1-59　木质模型 1　厦门理工学院学生作品

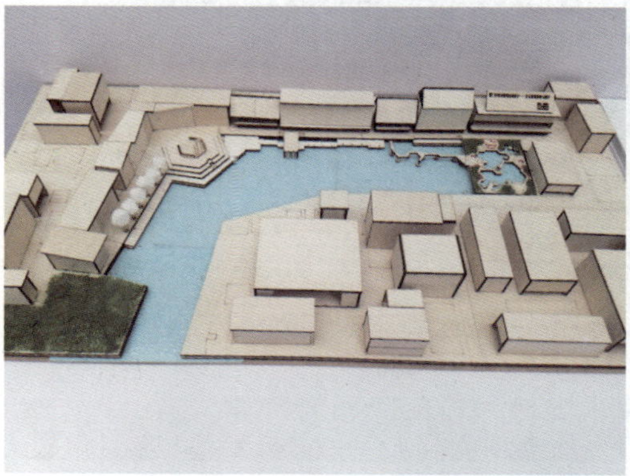

图 1-60　木质模型 2　厦门理工学院学生作品

图 1-61　木质模型 3　福州大学厦门工艺美术学院学生作品

图 1-62　综合材料模型 1　赵舒恒、钟奶荣
指导教师：薛丽芳　湄洲湾职业技术学院

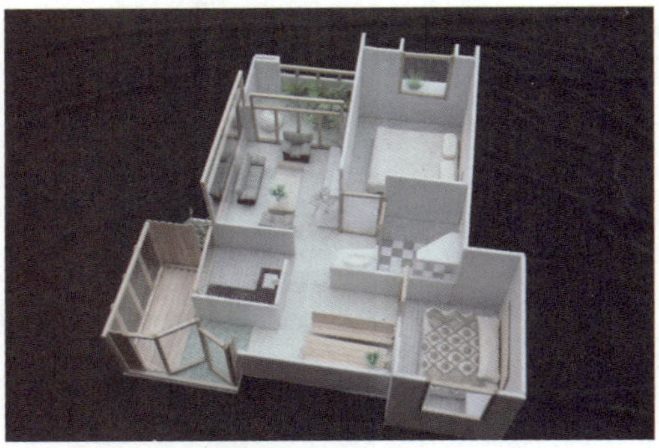

图 1-63　综合材料模型 2　周芳伟
指导教师：薛丽芳　湄洲湾职业技术学院

图 1-64　综合材料模型 3　厦门城市规划展览馆

图 1-65　综合材料模型 4　厦门城市规划展览馆

总之，无论是哪种类别的模型，设计者都要把自己的想法、设计理念融入模型的制作过程当中。相比最初的平面图而言，模型制作不仅可以解决在平面图纸上无法解决的问题，还能从空间上对室内外环境进行布局，在室内陈设上进行具体细致的表现；相比虚拟的渲染效果图来讲，模型可以让大众更直观地观赏室内外空间和建筑之间的装饰、朝向、通风、采光等因素。因此，一个完善的模型是保证设计成功完成实施的必要条件之一。

本书重点介绍室内模型的制作，从设计类院校的角度来说，室内模型制作课程通过室内模型的设计和制作来锻炼学生自主创作的能力，提高学生的动手能力，从而使室内模型制作成为建筑室内设计专业人才培养方案中的一门重要学科。图 1-66 ～图 1-69 为湄洲湾职业技术学院的学生作品。

图 1-66　室内模型 1　孙云
指导教师：薛丽芳　湄洲湾职业技术学院

图 1-67　室内模型 2　徐鑫
指导教师：薛丽芳　湄洲湾职业技术学院

图 1-68　室内模型 3　麻勇彬、钟伟
指导教师：薛丽芳　湄洲湾职业技术学院

图 1-69　室内模型 4　郑艺恋
指导教师：薛丽芳　湄洲湾职业技术学院

1.3　室内模型的比例

模型的比例

模型比例是指建筑与环境的模型和实景这两个同类尺度数的比例。模型比例一般是 1:2000、1:1000、1:200、1:50 等。北京世界公园是一座微缩比例 1:10 的微型主题旅游公园，公园内汇聚了全世界 40 多个国家的著名建筑模型，游人置身园内，可谓移步换景，不用远涉重洋千山，即可“周游世界”，感受世界的奇妙。由于模型的比例涉及它的面积、精度、经济等综合因素，因此很难对其提出统一的要求。因为模型是参照建筑景物的实际尺寸缩小而成的，所以没有比例便不成模型（图 1-70 ～图 1-76）。

图 1-70　比例为 1:2000 的城市规划模型
厦门城市规划展览馆

图 1-71　比例为 1:800 的城市规划模型
厦门城市规划展览馆

图 1-72　比例为 1:520 的建筑模型
厦门城市规划展览馆

图 1-73　比例为 1:400 的建筑模型
厦门城市规划展览馆

图 1-74　比例为 1:150 的单体建筑模型
厦门工艺美术学院

图 1-75　比例为 1:100 的小别墅模型
厦门城市规划展览馆

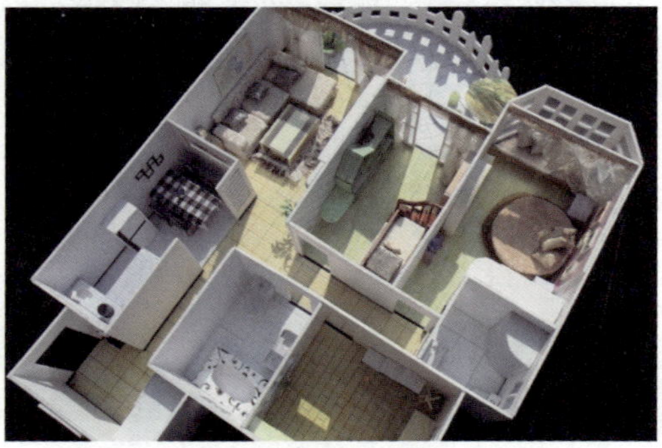

图 1-76　比例为 1:25 的室内模型 1　兰杨娇
指导教师：薛丽芳　湄洲湾职业技术学院

图 1-70 为厦门城市规划展览馆展示的厦门翔安国际机场规划模型，模型比例为 1:2000，采用机械电子设备十分精准地微缩了实际比例尺寸，模型制作精细别致，极具观赏性。图 1-74 是模型比例为 1:150 的单体建筑模型，重点反映建筑的体块关系、立面造型，细节的刻画更加精准。别墅类的小建筑模型，宜用 1:100 ～ 1:50 的比例，图 1-75 为厦门城市规划展览馆展示的老别墅模型鼓浪屿八卦楼，模型应用比例 1:100 真实地微缩了八卦楼的外观特色和周围环境。室内性的剖面内构模型，一般用 1:45 ～ 1:20 的比例。图 1-76 为湄洲湾职业技术学院的学生作品，模型比例为 1:25，模型逼真地反映了室内环境的每一处细节变化，如窗口的凹凸、玻璃的质感、家具的样式、地板的纹理等。

在室内模型制作中，模型比例计算是否准确至关重要。在实际制作过程中，常常会出现家具、门窗等比例计算不准确的现象，究其原因是没有准确地把握室内陈设物的实际尺寸。要想科学地计算室内空间常用的尺寸比例，首先要掌握人机工程学的基本知识和室内实际空间的常用尺寸。

1．室内实际空间的常用尺寸（单位：cm）

（1）墙面

①踢脚板高：8 ～ 20。

②墙裙高：80 ～ 150。

③挂镜线高：160 ～ 180。

（2）餐厅、厨房

①餐桌高：75 ～ 79。

②餐椅高：45 ～ 50。

③圆桌直径：二人 50、二人 80、四人 90、五人 110、六人 110 ～ 125、八人 130、十人 150、十二人 180。

④方形餐桌：二人 70×85，四人 135×85，八人 225×85。

⑤中式餐桌高度：75 ～ 78；西式餐桌高度：68 ～ 72；一般方桌宽度：75、90、120。

⑥厨房吊柜高度：150；吊柜和操作台之间距离：60。

⑦厨房灶台高度：65 ～ 70；锅架离火口高：40；抽油烟机和灶台之间的高度：70。

（3）卫生间

①卫生间面积：3 ～ 5m^2。

②浴缸长度：122、152、168；宽度：72；高度：45。

③坐便器：75×35。

④冲洗器：69×35。

⑤盥洗盆：55×41。

⑥淋浴器高度：210。

⑦化妆台长度：135；宽度：45。

（4）室内通道

①楼梯间休息平台净空：210。

②楼梯跑道净空：230。

③客房走廊高度：240。

④两侧设座的综合式走廊宽度：250。

⑤楼梯扶手高度：85 ～ 110。

（5）门洞、门窗

① 准入户门洞：90×200；房间门洞：90×200；厨房门洞：80×200；卫生间门洞：70×200。

② 入户子母门尺寸：120×200；入户单门尺寸：90×200。室内门宽度：80～95；高度：190。卫生间、厨房门宽度：80、90；高度：190。

③ 标准窗户

客厅：150×180～180×210；中等卧室：120×150～150×180；大卧室：150×180～180×210；卫生间：60×90～90×140。

2. 家具设计的基本尺寸（单位：cm）

（1）橱柜类

①衣橱深度：60～65；衣橱门宽度：40～65。

②推拉门宽度：75～150；高度：190～240。

③矮柜深度：35～45；柜门宽度：30～60。

④电视柜深度：45～60；高度：60～70。

（2）床

① 单人床宽度：90、105、120；长度：180、186、200、210。

② 双人床宽度：135、150、180；长度：180、186、200、210。

③圆床直径：186、212.5、242.4（常用）。

（3）沙发

①单人式沙发长度：80～95，深度：85～90；坐垫高：35～42；背高：70～90。

②双人式沙发长度：126～150；深度：80～90。

③三人式沙发长度：175～196；深度：80～90。

④四人式沙发长度：232～252；深度：80～90。

（4）茶几

①小型茶几（长方形）长度：60～75；宽度：45～60；高度：38～50。

②中型茶几（长方形）长度：120～135；宽度：38～50或者60～75；高度：43～50。正方形茶几长度、宽度：75～90；高度：43～50。

③大型茶几（长方形）长度：150～180；宽度：60～80；高度：33～42（33最佳）。

④ 圆形茶几直径：75、90、105、120；高度：33～42。

⑤前置型茶几：90×40×40（高）。

⑥中心型茶几：90×90×40,70×70×40。

⑦左右型茶几：60×40×40。

（5）办公桌椅

①办公桌长度：120～160；宽度：50～65；高度：70～80。

②办公椅高度：40～45；长×宽：45×45。

③ 书柜高度：180；宽度：120～150；深度：45～50。

④ 书架高度：180；宽度：100～130；深度：35～45。

在模型制作之前，制作者应根据室内空间及物品的实际尺寸除以模型比例，计算出模型需要的尺寸。

已经确定的比例，在制作模型时不能计算错误，否则后面模型在组装的时候就会出现误差。例如制作者在缩放平面图时，没有从整体上进行比例缩放，而只是进行各部位缩放，那么比例计算就不统一，就会造成室内物品大小不一，从而造成比例不协调。室内模型制作比例一般较小，在模型制作中是比较难做的一种模型，对比例的要求尤其严格，只要室内有一处家具模型比例计算不准确，就会直接影响模型的整体效果。

1.4 室内模型的制作原则

室内模型的制作原则

室内模型制作所体现的是室内装饰设计的最终实现效果，要求必须准确地体现室内外的空间结构及其与周围环境的相互关系。例如图 1-77 为比例 1:25 的室内模型，这类比例模数特别适合表现中小型的户型，它对室内的表现细致到位，门窗及家具的制作都要求比例准确。模型制作是一个把平面图纸设计转化为三维立体表现的综合设计制作过程，它涉及构思设计、材料装饰、色彩搭配、制作工艺等因素。一个合格的模型应该使观赏者感觉模型虽然不是生活中的实体，但具有实体的逼真效果。那么怎样才能实现模型逼真的效果呢？这就要有工匠精神了，在人们固有的思维中，工匠似乎只是一种机械重复的工作者，但实际上，工匠有着更深远的涵义。工匠精神，是对一门手艺的专注，更是一种态度，有坚定的目标，并且愿意为目标不断地坚持。

例如，王士源在《〈孟浩然集〉序》中写道：“文不按古，匠心独妙。”浅显地来说，我们每个人都拥有匠心，当我们认真发挥创造力的时候，匠心就存在你我的身上。在模型设计制作过程中应遵循以下基本原则：

（1）室内模型制作的科学性原则

室内模型设计制作不同于一般的立体构成等手工制作，它要求按照专业理性的制作步骤进行。因此室内模型的设计与制作原则要求尽量科学与客观地表现设计方案的设计理念，不允许有比例不统一、夸张变形等现象。在制作中要严格按照客观对象的比例模数进行缩放，并且要从整体上把握室内陈设物各个方面的比例关系，在缩放时比例要计算统一，同时尽可能准确地反映各种材质的特点。图 1-78 中模型的制作真实地反映出了设计方案的构思，虽然没有在模型的细节上过多刻画，但是制作的比例模数准确而严谨。如图 1-77 ～图 1-79 所示为室内模型示例。

图 1-77 比例为 1:25 的室内模型 2 姚婉婷
指导教师：薛丽芳 湄洲湾职业技术学院

图 1-78 比例为 1:25 的室内模型 3 钟奶荣
指导教师：薛丽芳 湄洲湾职业技术学院

图 1-79 比例为 1:25 的室内模型 4 林芳
指导教师：薛丽芳 湄洲湾职业技术学院

（2）室内模型制作的艺术性原则

室内模型制作属于艺术设计的范畴，模型除了要准确反映建筑的形态外，更应注重运用艺术的手段进行表现，通过色彩的搭配和材质的表现，艺术性地再现实际生活场景的艺术效果。在客观世界中，人对色彩美感的视觉反应要强于形体美感，正如法国文艺评论家丹纳认为“色彩之于形象有如伴奏之于歌词”。模型的色彩配置与模型设计制作的成功与否有着密切的关系，同时也决定着模型整体的风格。在模型的制作中，通过对各种上色技巧和涂饰工艺的了解与应用，可以使模型准确表现实物的表面色彩及变化。

图 1-80 是小型别墅室内模型，该模型采用鲜明的地中海蓝色调表现出独特的地中海式室内设计风格，在室内陈设上大量采用别具一格的装饰画、休闲的蓝白条布艺家具、盆栽、藤椅等，室内环境的立体形态和表面形态都表现出装饰设计的和谐之美，达到制作手法逼真的艺术效果，给人以艺术的享受。

图 1-80 室内模型 赵舒恒、郑钰涵
指导教师：薛丽芳 湄洲湾职业技术学院

（3）室内模型制作的工艺性原则

模型制作加工的设备和工具，是发挥工艺技巧的重要保证。先进的工艺、材料及设备是提高现代室内艺术模型制作效率和质量的重要条件，选择时必须予以充分重视。在模型制作过程中，制作者应该合理安排模型的制作时间、制作工序，把握工艺流程，从看图识图、模型放样、地面墙体起骨架到室内建筑表面及家具装饰，都应做到专业化、工艺化。为了追求科学性与工艺性的完美结合，室内模型的设计与制作很讲究规整和精细，在制作的过程中要尽可能表现工艺性的加工特点，以提高模型制作的工艺性。同时应注重传统手工制作和机械加工相结合的制作方式，有时手工制作的模型会更加生动和自然。图 1-81 和图 1-82 是典型的手工制作室内模型，模型的加工制作简单、质朴，能较好地反映出设计者的构思。

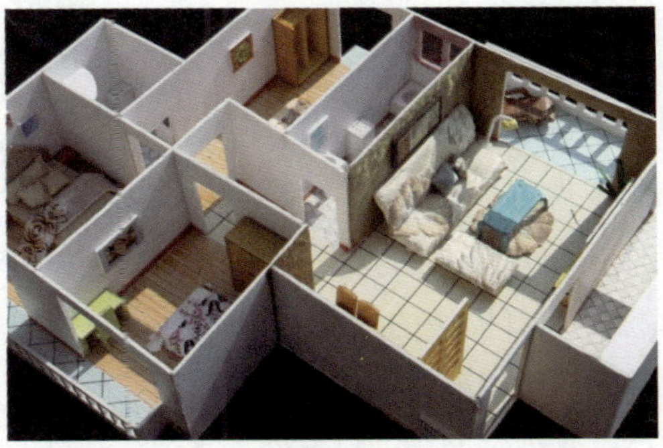

图 1-81　手工制作室内模型 1　郑秋玲、邱月梅
指导教师：薛丽芳　湄洲湾职业技术学院

图 1-82　手工制作室内模型 2　付玉琴等
指导教师：薛丽芳　湄洲湾职业技术学院

项目 2　室内模型制作的材料与设备

项目概述

本项目介绍模型制作材料的分类、用途、特点，为后续模型设计制作打下基础。

知识目标

- 了解制作室内模型的各种常用材料。
- 掌握模型制作工具的种类和使用方法。

能力目标

- 能够按照不同风格模型的要求，选择合适的主材、辅材和工具材料。
- 能使用工具和区分材料。
- 能够收集生活中各种各样的废弃物品进行模型设计与制作。

素质目标

- 本项目通过列举《论语·卫灵公》中“工欲善其事，必先利其器”的典故、蔡伦造纸术、鲁班造锯等案例弘扬传统文化，增强文化自信。
- 通过废物利用来制作模型软装的行为，来传达生态文明环保理念。

2.1 室内模型制作的材料

室内模型
制作的材料

子曰：“工欲善其事，必先利其器。”想要做好模型，材料和工具的准备工作是非常重要的。模型制作的材料直接影响着模型的最终效果。随着科技的不断发展，各种各样的模型材料日益增多，对于刚刚开始接触模型制作的制作者而言，只有深入了解各种模型的主要材料和辅助材料，才能轻松地设计和制作出完美的室内模型。不同种类、型号、质地、颜色的纸质材料无疑是模型制作的首选材料，因为纸质材料的价格相对来说比较便宜，获取比较容易，携带也非常方便，而且它们质地比较柔软，能够随意折叠和裁剪（取决于纸质材料的厚度），可以自如地完成造型。同时纸质材料能够在两个方向上弯曲，这也使它们与其他材料相比具有更大的优势，纸质材料是制作模型的理想材料，既有利于模型制作者完成设计初始阶段的概念模型制作，也较适用于深入阶段中模型精细部分的制作。

室内模型制作的常用材料有以下几种：

1. 纸质材料

纸在文房四宝中，较之笔、墨、砚晚出。古今中外，公认为东汉蔡伦是造纸术的发明人。纸质材料价格便宜，携带方便，不同的纸质材料可随意折叠和裁剪成各种造型，与其他材料相比具有更大的优势，它既适用于概念模型制作，也适用于深入阶段中模型精细部分的制作。

（1）卡纸

卡纸一般分为单面白卡纸、双面白卡纸、灰卡纸、有色卡纸。与普通纸张相比，卡纸相对较厚，市面上最厚的有 1.22mm。卡纸价格便宜，易加工，表面易处理，能够随意裁剪和折叠，比较适合制作沙盘模型和场景房屋建造，也适合制作简单的室内模型和构思模型。灰卡纸和有色卡纸适合表现室内及陈设物不同的饰面。目前国内市场上卡纸的种类很多，制作者可根据模型制作的需要选择不同的卡纸。

（2）特种纸

特种纸是指将不同的纤维利用抄纸机抄制成具有特殊肌理的纸张，例如单独使用合成纤维，合成混合木浆或纸浆等原料，再配合不同材料进行加工或修饰，形成不同的肌理纸张的效果。特种纸可应用于各个行业，如文化艺术、建材、生活、机械工业等。在室内模型制作中，制作者可根据设计的需要适当应用特种纸，如电视背景墙、玄关背景或室内局部装饰等。

（3）厚纸板

厚纸板主要用于环保包装的特殊位置加强支撑，如手袋和箱包中的撑板。厚纸板中间用纸浆压制成比较厚的坚固面，两边用纸张黏合加工而成，常用厚度为 2～8mm。厚纸板的种类有纸卡板、胶合卡板、纤维卡板等，可以用于室内模型墙体的制作。

（4）墙贴纸

墙贴纸又称壁纸，早在唐朝时期，就有人在纸张上绘图用来装饰室内墙面。墙贴纸大多采用 PVC 胶面材料，其突出优点是使用无毒增塑剂、抗化学腐蚀、难燃、耐磨等，用于家居内墙体装修，特点是环保、健康、防水、不褪色等，上墙后黏性可保持 6 年左右。目前市面上售有各种比例尺寸的仿真墙贴纸，非常适合室内外模型的仿真装饰效果营造（图 2-1、图 2-2）。

图 2-1　壁纸 1

图 2-2　壁纸 2

（5）手工纸

手工纸是指用手工将原木浆制作成各类纸制品，如我国的宣纸。手工纸有很强的防腐蚀能力，不变形，不褪色，是理想的室内模型局部装饰用纸（图 2-3）。

图 2-3 手工纸

（6）仿真地板纸

仿真地板纸的种类有仿木纹纸、仿大理石纸、仿瓷砖纸，其比例大小适用于室内模型制作的仿真装饰（图 2-4）。

图 2-4 仿真地板纸

（7）绒纸

绒纸又称植绒纸，它的表面柔软有弹性且色泽鲜艳，主要用于室内制作模型中的草坪、绿地和模型保护罩底盘的装饰等。可根据室内模型装饰设计的需要进行绒纸颜色和种类的选择。也可自制绒纸，方法是：将细的锯末粉染上所需要的颜色，然后选择颜色相应的有色卡纸或在厚纸板上喷上相应的颜色，在卡纸或已上色的厚纸板的表面涂上胶水，再将已经晾干的染色锯末粉多次反复均匀地撒在卡纸或厚纸板上，直到达到所需的效果为止（图 2-5）。

图 2-5 绒纸

（8）吹塑纸

吹塑纸具有价格低廉、易加工、色彩柔和多样等特点，适用于制作概念模型、构思模型、规划模型等。

（9）涤纶纸

涤纶纸适用于室内外模型中窗、水池、泳池等的仿真装饰。

（10）锡箔纸

锡箔纸可用于室内模型中金属仿真构件的装饰，如铝合金窗套、门套、不锈钢水池等，也可用作镜面。

（11）砂纸

砂纸主要用来打磨切割面，也可用于室内特殊质感的地毯和室外环境中路面、绿地等的装饰。

（12）广告纸

广告纸用于制作模型中地板、窗户、柜台等的装饰，还可用于模型保护罩底盘的装饰。

（13）牛皮纸

牛皮纸具有弹性好、平整性高、强度高等优点，一般呈黄褐色，经过全漂或半漂的牛皮纸呈奶油色、白色或淡褐色。与其他纸相比，牛皮纸自然的褐色看起来怀旧、温馨，比较适合田园风格的室内模型装饰。

（14）硫酸纸

硫酸纸也称拷贝纸，呈半透明状，表面没有涂层，在工程上通常用来制作底图，可以直接放在原稿上描出来，适用于模型制作初期复制平面图或室内装饰设计图。

2. 各种板材

随着科学技术的发展，能够用于制作模型的材料越来越多，呈现出多样化的趋势。面对纷繁复杂的材料市场，只有清楚地了解模型材料，才能更好地体现设计者的理念，准确地展现制作者的创作意图，充分呈现丰富的艺术效果。一般情况下，可以将模型制作材料分为主材和辅材两大类。

主材是指模型制作的主要材料。当前，在环境艺术设计的模型制作过程中，通常使用的主材有：木质材料、塑料材料、金属材料、浇筑材料。下面具体介绍几种常用的模型制作材料。

（1）KT 板（泡沫板）

KT 板是一种由 PS 颗粒经过发泡生成主板芯，表面覆膜压合而成的材料，板体轻盈、挺括、不易变质、易于加工，可直接在板上印刷、喷漆、上胶、喷绘等。KT 板的一般长度为 2.4m，厚度为 0.5cm。KT 板价格低廉，适合院校学生及模型制作初学者使用，主要用于室内模型中墙体、门窗及家具骨架的制作，也可用来制作地板及底盘。需要注意的是，由于 KT 板内芯比较软，不容易切割平整，因此切割时刀要利要快，要一次切到位，才会平整美观。

（2）雪弗板（PVC 发泡板）

雪弗板又称 PVC 发泡板，它以聚氯乙烯为主要原料，加入发泡剂、抗老化剂、阻燃剂，外面是 PVC 贴面，采用专用设备压制成型。颜色主要为白色和黑色，外观与KT板相似，但密度和重量都比KT板要重3～4倍，所以价格也贵 3～4 倍。雪弗板硬度比 KT 板高，好的雪弗板用手指是捏不动的，相对其他材料而言，用雪弗板来制作室内模型，效果更理想。

（3）ABS 板（工程塑料板）

ABS 板又称工程塑料板，是一种新兴的模型塑料板材，具有硬、刚、韧等性能。ABS 板的尺寸稳定、冲击强度高、不易染色、易于成型加工，其机械强度高、刚度高、吸水性低、耐腐蚀、无味无毒、耐热不变形、连接简单。ABS 板的厚度 × 宽度 × 长度为（1～200）mm×1000mm×2000mm，也可以按照要求定制尺寸。板材颜色为米白色、黑色、透明等，ABS 板硬度高，适合机械切割，主要用于模型制作的墙体、底盘等。

（4）亚克力板（有机玻璃板）

亚克力板又称有机玻璃板，它无毒、亮度高、抗冲击力强、寿命长、可塑性强，比普通玻璃轻一半、造型变化大、易加工成型。亚克力板有透明和不透明两种，可以制成具有独特装饰效果的装饰品。亚克力板的厚度 × 宽度 × 长度为（1～50）mm×1220mm×2440mm，厚度最大为 50mm，宽度最大为 2000mm，长度最大为 3000mm。亚克力板成本较高，是制作室内模型的上等材料，适合制作墙体、门窗、台阶、家具、底盘等。由于亚克力板价格高，不易生产，因此市场上出现了不少价廉的仿制品。这些仿制品外观很像亚克力板，但其实是普通有机板的一种，这种普通有机板是用普通有机玻璃的下脚料加色素浇铸压制而成的，其表面硬度低，易切割，易褪色，用细砂纸打磨后抛光效果不如亚克力板。总之，真假亚克力可以从板材切割面的细微色差和抛光效果中去分辨。

（5）密度板（纤维板）

密度板又称纤维板，是以木质纤维或其他植物纤维为原料胶黏制成的人造板材。密度板分为低密度板、中密度板和高密度板。密度板的长度 × 宽度有 1220mm×2440mm 和 1525mm×2440mm 两种，厚度有 3mm、5mm、9mm 等。密度板性能稳定，表面光滑平整，装饰性好，边缘牢固不易腐朽，容易进行涂饰、加工、上漆、上胶，各种轻金属薄板、胶纸、薄膜、木皮、饰面板等材料均可胶黏在密度板表面进行装饰。密度板适合用于制作模型罩的底盘，也可用来制作木质室内模型，但密度板耐潮性较差，遇水就发胀，故在模型制作中应注意六面都刷漆，这样才不会变形。

（6）胶合板

胶合板是一种三层或多层的板状材料，由木段旋切成单板胶合而成，通常用奇数层单板使相邻层单板的纤维方向互相垂直胶合。胶合板的长度 × 宽度为 1220mm×2440mm，厚度为 3mm、5mm、9mm、

12mm、15mm、18mm 等。胶合板易于加工，主要适合模型墙体、地板、底座的制作，是土建工程、家具制造等常用的材料。

3. 黏合材料

（1）酒精胶

酒精胶学名 AE-7135，是丙烯酸合成树脂聚合体，不损害皮肤、无色、性质稳定、耐候性好、抗污染、黏度高、接着力强、不会腐蚀泡沫板、耐水、涂布容易、干燥迅速、操作方便、干后透明有弹性而且不影响接着物外观，适合各种板材，是模型制作的理想黏合材料。

（2）白乳胶

白乳胶是由醋酸乙烯单体在引发剂作用下经聚合反应制成的水溶性胶黏剂，是目前用量最大、用途最广的水性环保胶。其优点是价格便宜、无毒、黏性好、不污染被黏物、便于加工、成膜性好、不会腐蚀、使用方便，缺点是干燥速度不如酒精胶，完全干燥必须要隔一夜才能定型，但正是由于不易干燥反而适合初学者在 KT 板等泡沫材质的模型制作过程中随时修改错误，同时适合室内家具、电器等模型的黏合。白乳胶待完全固定后较牢固，不易变形。

各种黏合材料如图 2-6 所示。

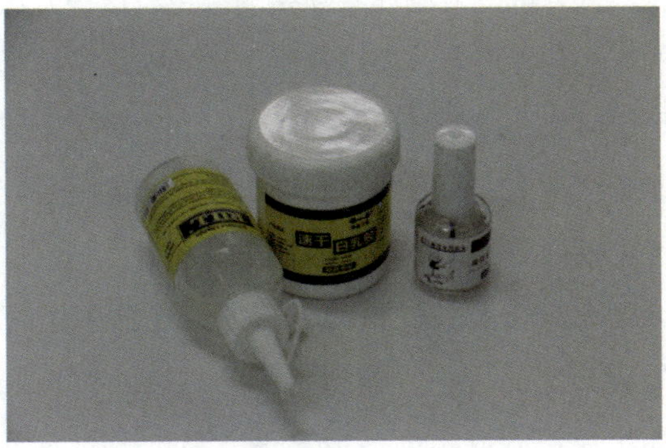

图 2-6 各种黏合材料

（3）双面胶带

双面胶带是一种比较常用的粘贴用品，是以棉纸、PET、PVC 膜、无纺布、泡棉、亚克力泡棉、树脂型压敏胶、丙烯酸类压敏胶等为基材，制成卷状或片状的胶黏带，由基材、胶黏剂、隔离纸（膜）三部分组成。双面胶带分为油性双面胶、水性双面胶等，广泛用于各种材料，在模型制作中适用于墙体初步模拟固定和室内各种装饰小制作的粘贴。

（4）三氯甲烷

三氯甲烷为无色透明液体，有气味、有毒，为可疑致癌物，对环境有危害，具有刺激性。它可用于黏合有机玻璃、ABS 等塑料，用时须戴口罩、戴手套，注意安全，用后盖紧盖子妥善保管。

（5）强力黏合剂

强力黏合剂（如 502、508、801 等胶水）具有一定的毒性，通常固化以后毒性会降低。502、508 等胶水是氰基化合物，分解后会产生有毒的物质，能迅速聚合固化将物体粘贴牢，固化后无毒。固化过程中有腐蚀性，不适合 KT 板等泡沫材料的模型制作。强力黏合剂适用于金属、皮革、橡胶、陶瓷、塑料、木材、玻璃、塑胶、皮鞋等材料相互间的黏合，用时须戴口罩、戴手套，注意安全，用后盖紧盖子妥善保管。

（6）玻璃胶

玻璃胶是将各种玻璃与其他基材进行粘接和密封的材料，可用于模型保护罩的黏合。使用胶枪要顺着一条线打下来，而且不能停顿，用力要均匀，要一次性打到位（图 2-7）。

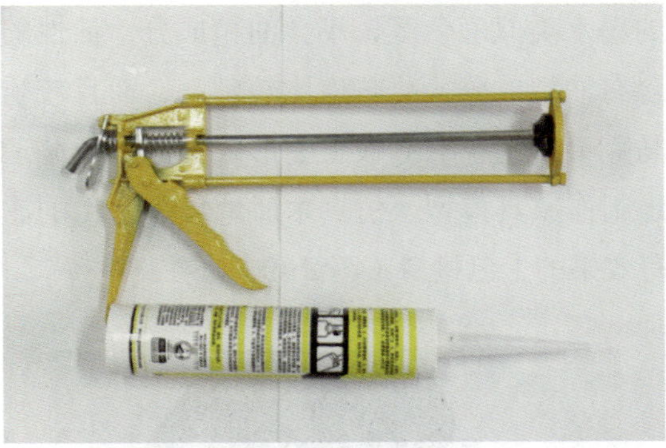

图 2-7 玻璃胶、胶枪

4. 其他辅助材料

（1）喷漆

喷漆即人造化学漆的一种，由树脂、硝酸纤维素、溶剂、颜料等化学品制成。用喷枪均匀地喷在模型表面，可起到修饰、美化外观的作用，具有耐水、耐机油、干得快等优点，但是有毒性，对身体有害，在使用时应佩戴口罩，避免与皮肤接触。喷漆适用于模型制作中的墙体上色、家具上色等（图 2-8）。

图 2-8 模型喷漆

(2)丙烯颜料

丙烯颜料是由颜料粉调和化学合成胶乳剂(丙烯酸乳胶)制成的,属于人工合成的聚合颜料,可用水稀释,速干、颜色鲜润、干后不易掉色变黄,适用于模型制作中的墙体上色、家具上色等,比喷漆更环保。

(3)马克笔(记号笔)

马克笔又名记号笔,是一种书写或绘画专用的绘图彩色笔,本身含有墨水,且通常附有笔盖,一般拥有坚硬笔头。马克笔的颜料具有易挥发性,用于一次性的快速绘图。马克笔适用于设计物品、广告标语、海报绘制或其他美术创作场合,可画出变化不大的、较粗的线条。马克笔分为水性的墨水和油性的墨水,水性的墨水类似彩色笔,不含油精成分;油性的墨水因为含有油精成分,故味道比较刺鼻,而且较容易挥发。马克笔绘制于KT板上会形成类似木质肌理的效果,是制作家具模型、仿真木质地板等常用的比较简便又有效果的上色材料(图2-9)。

图 2-9 马克笔

(4)大头针

大头针由金属制成,形状与针相似,一端较大、一端尖细,用来固定物件。它可用于固定KT板材质的墙体。使用时,应将尖端对准物体方向,用拇指按住圆端并推入,尖端刺透KT墙体之间需要固定的面,然后用酒精胶封住针头以加固周围。

(5)海绵

海绵由木纤维素纤维或发泡塑料聚合物制成,用于清洁生活物品或绘画。在模型制作中,可用丙烯颜料或喷漆将海绵染色,用来制作假山、树木等。

(6)泡沫塑料(多孔塑料)

泡沫塑料也叫多孔塑料,它是以树脂为主要原料制成的内部具有无数微孔的塑料。

(7)碎布料

一般在卖窗帘布的商店里有大量剩余的碎布料,各种材质的都有,可用于模型制作中的布艺家具、抱枕、纱窗的装饰。

(8)纸黏土

纸黏土是以纸浆混合树脂和黏土制成的白色泥状物体,与面土、陶土等同属常用的捏塑素材。纸黏土无毒,颜色多种,柔软性好,不粘手,可塑性强,价格便宜,可雕塑成不同的形状,可用于模型制作的家具、浴缸、马桶或其他建筑物。其特点是干透以后不变形。纸黏土有两种涂绘方法:湿画法和干画法。湿画法是指趁纸黏土未干之前加上颜料(丙烯颜料、水彩等)进行调配,令纸黏土内外都变成制作者想要的颜色,这种方法制作出来的作品色泽均匀,质地较好。干画法是指待纸黏土作品干透后上一层颜料(丙烯颜料、水彩等),这种方法仅能令纸黏土表面着色,制作出来的作品颜色较浮。制作者可根据需要选择相应的技法。

除以上介绍的各种辅助材料外,生活中也有各种各样的废弃物品可作为模型制作的材料,如矿泉水瓶盖经加工后可制成桌面、板凳等,易拉罐的内面经加工后可制成洗碗池、镜面等,被丢弃的丝巾可制成纱幔、纱窗等,笔盖可以制成小花瓶等,还有牙签、图钉、棉花、珠子、亮片、铁线、铜丝等都是很好用的模型制作材料。随着模型产业的不断发展,市面上也开设有模型材料专卖店,各种仿真材料、半成品材料应有尽有,如家具、浴室用品、树木、假山、灯饰等,为了节约制作时间成本,这些仿真模型材料大多应用于商业模型的制作。

2.2　室内模型制作的工具设备

说到工具设备，人们会想起春秋末期鲁国的一名巧匠，他就是被历代工匠尊称为“百工之祖”的鲁班。他的一生是发明创造的一生，也是造福劳动人民的一生。

室内模型制作的工具设备

相传有一年，鲁国国君任命鲁班为监工，负责建造一座大宫殿，工程期限为三年。可是，当时人们伐木的主要工具是斧子，效率很低。鲁班心急如焚，就亲自上山查看。一天，他上山时，脚滑了一下，匆忙中抓住了一丛茅草，但没有抓牢，滑到了山脚，手心还被划了几道鲜血淋漓的伤口。他把草叶扯下来仔细观察，发现叶片的两边长有许多细密的小齿，鲁班不禁想：既然草叶的齿可以划破我的手，那么，带有许多小齿的铁条也应该能伐倒大树吧？就这样，善于观察、勤于实践的鲁班发明了世界上第一把锯。

木工师傅们用的手工工具，如钻、刨子、铲子、曲尺、画线用的墨斗，据说都是鲁班发明的。而每一件工具的发明，都是鲁班在生产实践中得到启发，经过反复研究、试验出来的。

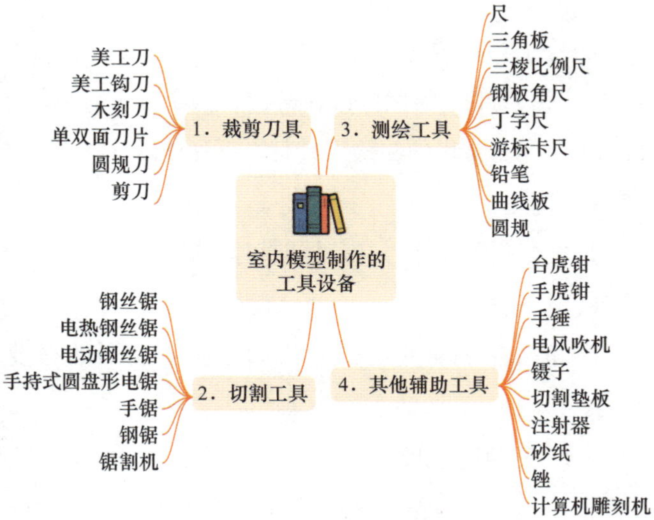

1. 裁剪刀具

（1）美工刀

美工刀可用来切割壁纸，在制作模型时可用来切割卡纸、吹塑纸、发泡塑料、各种装饰纸和薄型板材等（图 2-10）。

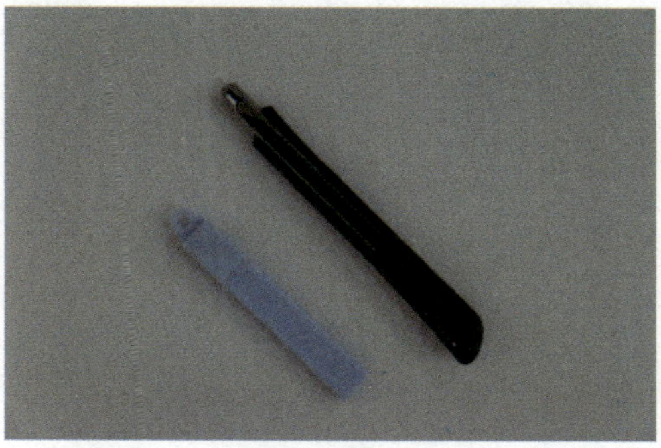

图 2-10　美工刀

（2）美工钩刀

美工钩刀刀头为尖钩状，可用来切割工具，在制作模型时用来手工切割有机玻璃、亚克力板材、ABS 塑料板等材料。钩刀是切割亚克力的利器，使用方法是：把亚克力板平放在地板上，然后把尺子按在板上面，先根据需要用钩刀轻轻地在板上钩划一道，然后沿着已经刮出的直线缺口用力连续钩 4 次，把尺子移开；把钩划上缺口的亚克力板，放在工作台或桌子的边沿线上；把亚克力板的直线缺口对准桌台边沿线，用力往下一按，亚克力板立即齐口断开（图 2-11）。

图 2-11　美工钩刀

（3）木刻刀

木刻刀是木刻版画的主要工具，分为两种：一种是木口木刻刀，由实心钢条制成，利用刀头切口处各种形状的锐角为刃口，刀尾有圆头木柄，把全刀拿在掌中，露出刀刃在拇指端，横手用腕推动刀柄刻出线条，宜刻精细作品。另一种是木面木刻刀，以三角形、圆形、方形槽状刀刃为主，又有平刃、斜口相辅。在模型制作时主要用斜口刀和平口刀两种，也可适应刻作需要，用来雕刻细节或切割薄型的塑料板材（图 2-12）。

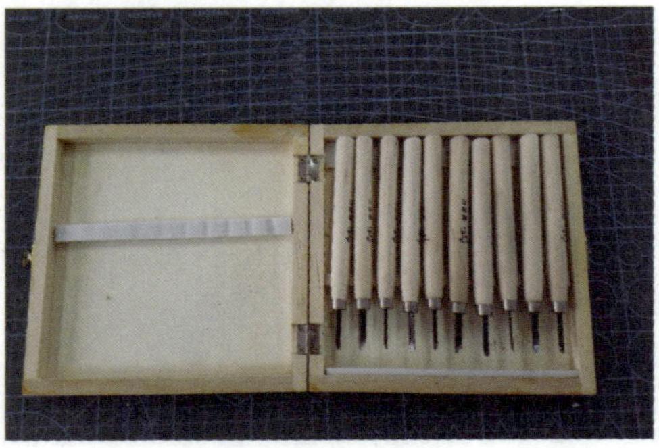

图 2-12 木刻刀

（4）单双面刀片

单双面刀片是刮胡须用的刀片，刀口最薄，极为锋利，主要用来切割薄型材料。

（5）圆规刀

圆规刀是制作圆形家具所用到的特殊工具，形状有圆规形、游标尺形、圆形等。圆规刀在操作时，可以快速定位圆心，并准确调节裁切圆的直径，省去了画圆和擦拭笔迹等环节，减少了操作空间，提高了工作效率，且能保证裁切精度。

（6）剪刀

模型制作时至少要备有大、小两把较锋利的剪刀。

2. 切割工具

（1）钢丝锯

钢丝锯适用于各种木材及塑料。厚锯片上独有 XT 齿，切割稳定、舒适。钢丝锯有金属架钢丝锯和竹弓架钢丝锯之分，性能相同，钢丝锯的锯条用很细的钢丝制成。由于锯料时的转角小，锯口也很小，因此能随心所欲地锯出各种形状或曲线。钢丝锯是锯割有机玻璃材料较理想的工具。

（2）电热钢丝锯

电热钢丝锯一般是自制组装的工具，在需要快速切割发泡塑料、聚苯板时有极佳的效果。

（3）电动钢丝锯

电动钢丝锯是快速切割有机玻璃材料的工具。

（4）手持式圆盘形电锯

手持式圆盘形电锯可用来锯割木质、塑料等材料。因此手持式圆盘形电锯锯割速度快，而且携带方便，因此使用较广泛。

（5）手锯

手锯使用方便，按外形分为直锯、弯锯、折锯。手锯由架弓和锯片组成，使用起来方便简单，手动使用弯锯较省力，可以多次更换锯片继续使用。在制作模型罩的时候，手锯可用来切割木板底板和木质框条等（图 2-13）。

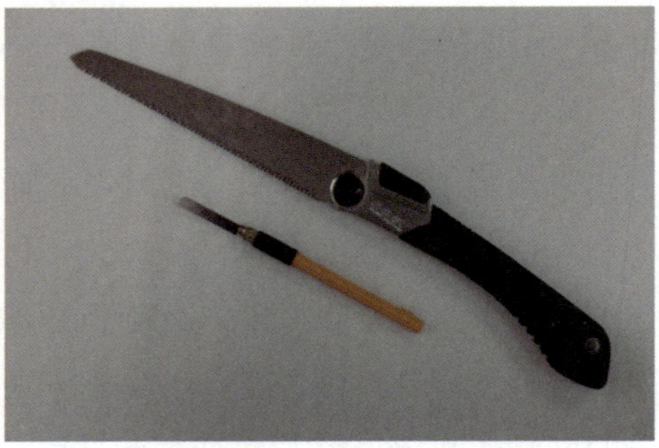

图 2-13 手锯

（6）钢锯

钢锯可用于切割金属、木质和有弹性的塑料等。

（7）锯割机

模型工程规模较大，所需要的金属材料较多时，可采用锯割机。

3. 测绘工具

测绘工具在模型制作过程中，主要完成图纸比例放样、图纸复制、测量材料、底盘制作时的尺寸定位、画线等工作。常用的测绘工具有以下几种。

（1）尺

尺既是测量尺寸，又是辅助切割的工具。

（2）三角板

三角板是测量平行线、直角，画直角形的必要工具。

（3）三棱比例尺

三棱比例尺是按比例绘图和下料画线时不可缺少的工具。三棱比例尺能作定位尺，在对稍厚的弹性板材作 60° 斜切时非常有用。

（4）钢板角尺

钢板角尺可用于画垂直线、平面线与直角，也可用于判断两个平面是否相互垂直。

（5）丁字尺

丁字尺又称 T 形尺，为一端有横档的丁字形直尺，由互相垂直的尺头和尺身构成，在工程制图时通常配合绘图板使用。在模型制作中，丁字尺可画水平线和配合三角板作图，一般可直接画平行线或用作三角板的支承物来画与直尺成各种角度的直线。丁字尺多用木料或塑料制成，有 600mm、900mm、1200mm 三种规格。

（6）游标卡尺

游标卡尺是一种测量长度、内外径、深度的量具。游标卡尺由主尺和附在主尺上能滑动的游标两部分构成。主尺一般以 mm 为单位，而游标上则有 10、20 或 50 个分格，根据分格的不同，游标卡尺可分为 10 分度游标卡尺、20 分度游标卡尺、50 分度游标卡尺，游标为 10 分度的有 9mm，20 分度的有 19mm，50 分度的有 49mm。游标卡尺的主尺和游标上有两副活动量爪，分别是内测量爪和外测量爪，内测量爪通常用来测量内径，外测量爪通常用来测量长度和外径。测量时，右手拿住尺身，大拇指移动游标，左手拿待测外径（或内径）的物体，使待测物位于外测量爪之间，当与量爪紧紧相贴时，即可读数。在模型制作中需要准确测量零件尺寸时，可用游标卡尺测量（图 2-14）。

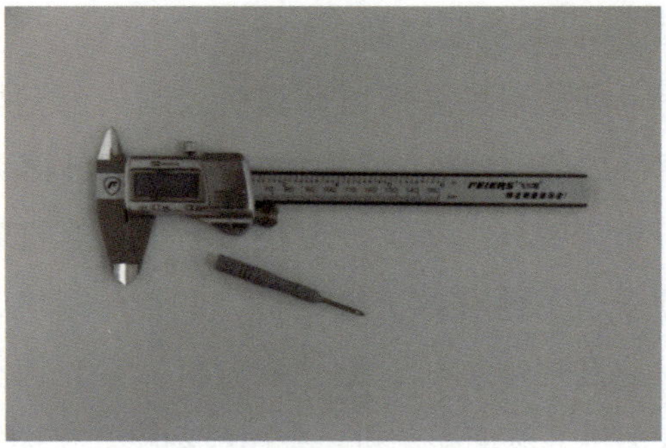

图 2-14　游标卡尺

（7）铅笔

铅笔用于绘制平面图或在各种不同的模型材料上画出形状或标记。

（8）曲线板

曲线板又称云形尺，是绘图工具之一，是一种内外均为曲线边缘的薄板，用来绘制曲率半径不同的非圆自由曲线。在模型制作中用曲线板可以画出任意曲线。

（9）圆规

圆规可在材料上画出所需要的圆形或等分线。

4. 其他辅助工具

为了使模型制作更加完善，除了以上介绍的材料外，还会使用以下一些辅助工具。

（1）台虎钳

台虎钳是用于夹持较大的工件，以便于加工的辅助工具，从结构上可分为固定式和回转式两种。回转式台虎钳使用方便，应用较广。

（2）手虎钳

手虎钳是用于夹持很小的工件，便于手持进行各种加工的手持工具，使用起来较方便。

（3）手锤

手锤是击打材料时的工具。

（4）电吹风机

电吹风机用于对塑料类板材进行加工焊接，电吹风机吹出的热风能使塑料软化定型。此外，电吹风机同时也用于材料上色后的吹干工作。

（5）镊子

镊子可用于夹取模型制作中一些细小的东西，能够比较精准地对精细的模型构件进行操控，提高模型制作的精致度。镊子也是制作模型小灯具经常使用的工具，常常用它夹持导线、元件及集成电路引脚等。不同的场合需要不同的镊子，一般需要准备直头、平头、弯头镊子各一把（图 2-15）。

（6）切割垫板

在切割亚克力、KT 板等材料时需要将切割垫板垫在桌面上，避免桌面被各种锋利的工具划伤，或者避免胶水和油漆污染桌面。切割垫板也可以保护刀片，延长刀片的使用寿命；切割垫板还可使切割便利，有些有经验的模型制作师甚至不用钢尺就可以在切割板上轻松切出直线（图 2-16）。

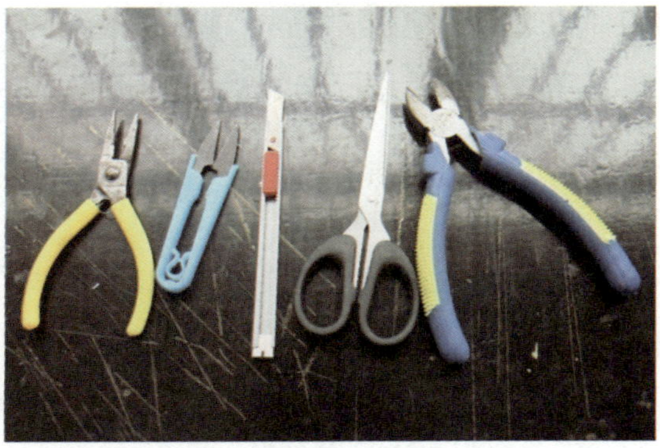

图 2-15 各类辅助工具

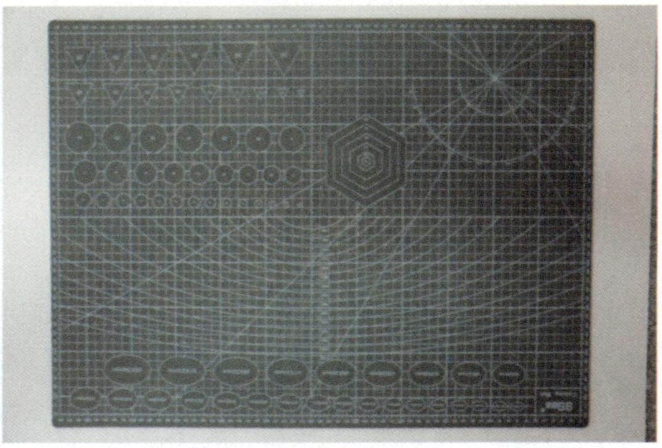

图 2-16 切割垫板

（7）注射器

注射器用来注射丙酮、白乳胶、三氯甲烷等液体溶剂，也可用于有机玻璃、塑料等材料的粘贴。一般选择 5mL 的玻璃注射器（医用），针头选用 5 ～ 7 号（图 2-17）。

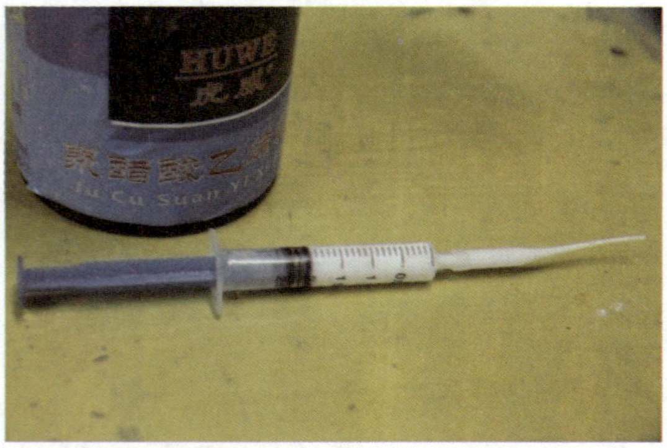

图 2-17 注射器

（8）砂纸

砂纸是制作模型的必备材料之一，用于打磨修整切割后不平的材料表面。砂纸分为干磨砂纸和耐水砂纸，干磨砂纸（木砂纸）用于磨光木、竹器表面，耐水砂纸（水砂纸）用于在水中或油中磨光金属或非金属工件表面。耐水砂纸适用于模型制作中的墙体打磨（图 2-18），型号分为粗面型、细面型和修整型，粗面型有 80、100、180、200、240、320 号，细面型有 400、600、800、1000 号，修整型有 1200、1500、2000、2500、3000 号等。

图 2-18 打磨边沿

（9）锉

锉是用钢制成的磨钢、铁、竹、木等的工具，锉大致可分为普通锉、特种锉和整形锉（什锦锉）三类。普通锉按锉刀断面的形状又分为平锉、方锉、三角锉、半圆锉和圆锉五种。平锉用来锉平面、外圆面和凸弧面；圆锉用来锉圆孔、半径较小的凹弧面和椭圆面。锉便于处理零件的结合处，是模型制作中比较好用的工具。

（10）计算机雕刻机

计算机雕刻机是指用计算机控制的雕刻机，也叫计算机数控雕刻机。它能控制雕刻机雕刻板材（木材、石材、密度板等）。现在市场上计算机雕刻机种类颇多，主要有木工雕刻机、广告雕刻机、石材雕刻机、圆柱雕刻机、激光雕刻机、激光切割机、激光打标机、玻璃雕刻机、金属雕刻机。在操作时，首先在设计软件中绘制需要雕刻的设计图，选择刀具，自动计算路径（路径是指编程软件根据所选的刀具计算出的刀具运动轨迹），输出路径文件。其次，把输出的路径文件导入雕刻机控制软件，然后仿真运行。最后，确定无误后就可以开始加工了（图 2-19）。

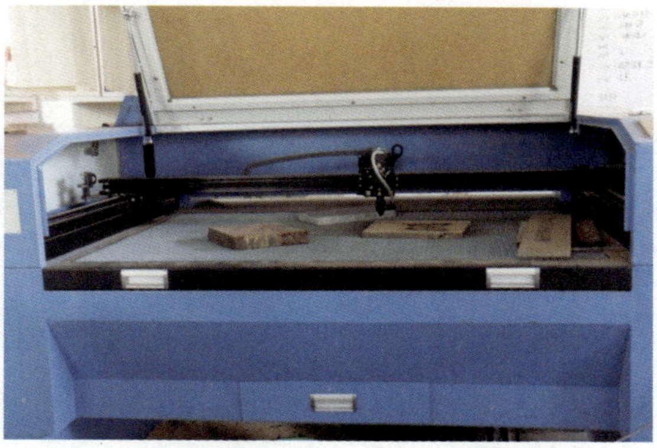

图 2-19 计算机雕刻机

2.3 模型制作实训室

室内模型制作的周期较长，需要配备有固定的实训室和相关设备。模型制作课不同于一般的专业课程，在授课过程中需要大量的模型工具材料和制作机器，所以需要有一个空间较宽敞的固定场地。模型制作的场地要求相当严格，主要有以下几点：

1）模型制作实训室空间要大，一般 300m^2 的面积可容纳 40 多位学生同时操作。

2）模型制作实训室要有较好的采光、通风条件和完善的水电设施。

3）模型制作实训室要具备可收纳材料、工具的架子，以及可陈列模型作品的陈列架。

4）模型制作实训室要具备较大的操作台。

5）模型制作实训室要在入口显眼处设置安全警示牌，随时提醒操作人员注意安全。

6）模型制作实训室要配备专业的实训教师，学生在操作有关设备之前，必须经过专业教师的培训。

模块 2　室内模型制作方法与训练

项目 3　室内模型装饰设计方法

项目概述

在室内设计项目实践中，草图方案构思是设计师表达模型制作效果的主要手段之一。在制作模型之前，设计师通常会根据设计方案将造型、色彩等装饰理念表现在室内模型制作中，因此，方案构思是室内模型装饰设计与制作的第一步。配色是室内模型制作的另一关键要素，好的配色方案，会让模型更有吸引力。

知识目标

- 掌握室内模型草图方案构思方法。
- 掌握室内模型手绘草图及用 CAD 绘制平面图的技巧。
- 掌握室内模型各种软装的制作及配色原理和技巧。
- 了解当下室内设计配色的经典案例。

能力目标

- 能根据项目主题构思设计模型草图方案。
- 能手绘及用 CAD 绘制室内模型平面图。
- 能灵活搭配室内模型背景色、主角色、配角色、点缀色（如家具、配饰、陈设、绿化）。

素质目标

本项目通过列举解构主义建筑师弗兰克 • 盖里绘制草图、牛顿发现彩虹的秘密等案例，引导学生用联系的观点看问题，提高设计思维能力。

3.1　室内模型装饰设计草图方案的构思

在室内模型装饰设计实践中，室内模型是设计师表达设计效果的主要手段之一。设计师通常会根据设计方案将造型、色彩等装饰理念表现在室内模型制作中，因此，方案构思是室内模型装饰设计的第一步。

室内模型装饰设计草图方案构思与室内平面图绘制

方案设计构思首先要通过草图的形式表现出来。设计草图，又称为设计手稿，是设计师在方案构思阶段，通过简单的工具，徒手快速地表达自己的设计意图，并且经过反复修改，从一个模糊的想法逐渐变成清晰的形象，最终完成设计草图的定稿。对设计师而言，手绘草图就是将头脑中的构想图形化，是设计师与自我及他人进行交流的一种方式。

图 3-1 出自有着“建筑界毕加索”之称的解构主义建筑师弗兰克·盖里之手。在动画喜剧《辛普森一家》中，弗兰克曾被调侃为“在垃圾箱里寻找灵感的建筑师”，时至今日，这座以众多银色金属块随意拼凑的宛如巨型雕塑一般的建筑（图 3-2），以其动人心魄的独特外表，已经成为美国第二大城市洛杉矶的新地标。

在室内模型装饰设计制作中，绘制平面布置草图非常重要，它是实现室内模型制作的第一步。

图 3-1 华特迪士尼音乐厅草图

图 3-2 华特迪士尼音乐厅效果图

室内模型制作初步设计方案构思的流程如下。

1）分析模型的创作理念与主题，确定主题风格方案。

2）户型结构分析。

3）确定模型比例。

4）根据给定户型绘制草图方案。

5）初步分析草图方案，并根据主题风格上色数稿待选。

6）选择符合主题方案的色稿草图并作局部修改。

7）确定终稿（图 3-3 ～图 3-5）。

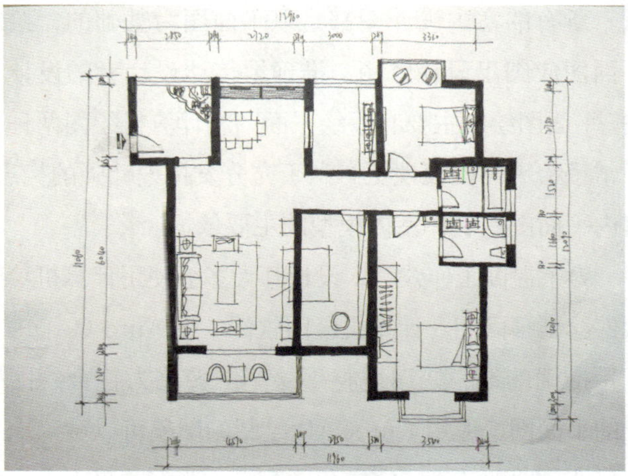

图 3-3 手绘平面图

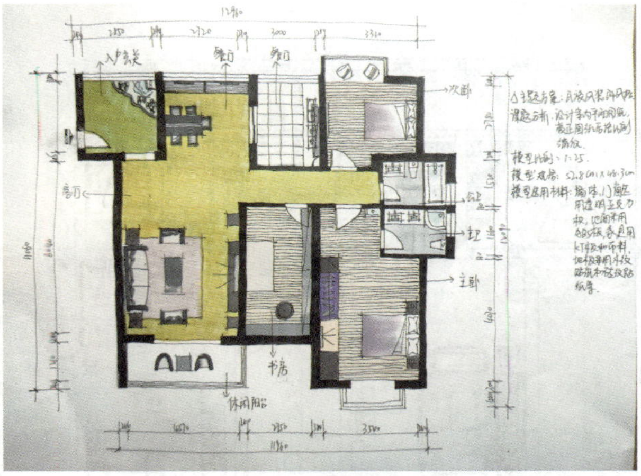

图 3-4 手绘平面彩图

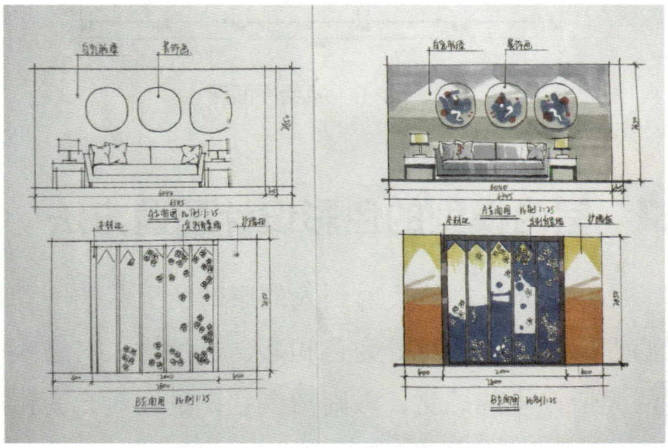

图 3-5 手绘立面图

3.2 室内平面图绘制

在画完室内方案构思草图之后，开始设计室内平面图。室内平面图是室内模型装饰设计的重要指导文件，它集中表现了空间的功能划分、布局、装饰等特点。所有的室内设计图都是以平面图为基础的，绘制平面图应突出设计意图，准确地传达设计者的设计思路。平面图绘制主要有手绘平面图和计算机绘图两种。通常手绘平面图表现更有利于充分发挥设计师的构思。室内平面图是制作室内模型的主要依据。

为了提高工作效率，设计师大多会使用计算机绘图软件绘制平面图。计算机绘图软件（如 Auto CAD）可以用准确的线，快速地将手绘草图转化为符合绘图标准的平面图。应用 AutoCAD 绘制的图稿可以精确地表现尺寸、地面铺设、室内色彩等。一张好的平面图不仅要达到一定的精确度，而且要能准确地表达出设计理念（图 3-6）。

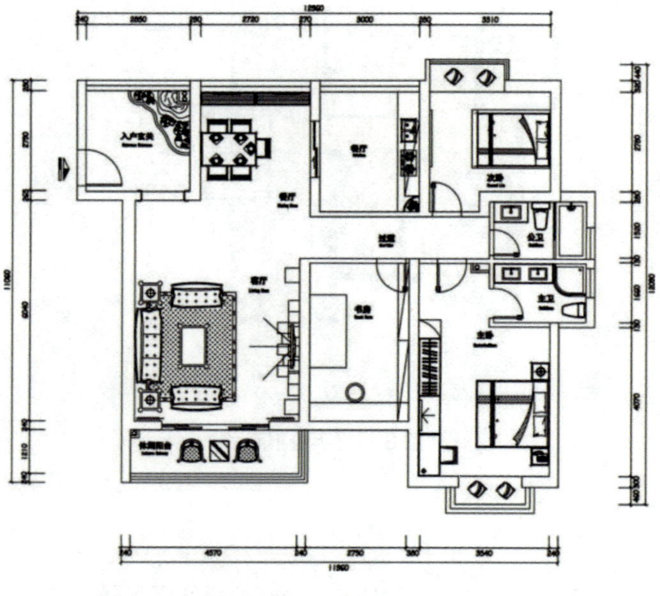

图 3-6 机绘平面图

3.3 室内模型的色彩设计配置方法

色彩是光从物体反射到人的眼睛所引起的一种视觉心理感受。色彩可分为色和彩，色是指人对进入眼睛的光所产生的感觉，彩则指多色，是人对光变化的理解。

公元 1666 年，牛顿发现了彩虹的秘密：原来这个世界上并没有那样七色的光，所谓的光其实是不同长度的波段，我们能看到的颜色也只是光对物体表面的反射。这个真相打破了人们对于光和色许多浪漫的猜想。

色彩是表现室内模型整体装饰效果的重要因素，掌握色彩的运用，学习室内模型的色彩设计配置方法及表现技巧是非常重要的。模型制作设计者可以通过色彩的搭配艺术性地表现室内环境的整体效果。模型的色彩配置与模型设计制作的成功与否有着密切的关系，同时也影响着模型整体的风格样式。在模型的制作中，通过对色彩设计配置方法的了解与应用，可以准确地将室内设计的风格样式表现在模型制作工艺之中。

1. 色彩的基础理论

色彩的基础理论

色彩一般分为无彩色和有彩色两大类。无彩色是指白色、灰色、黑色，图 3-7 为纯黑色逐渐加白，由黑色、深灰色、中灰色、浅灰色渐变到纯白色，共有 11 个阶梯明度渐变。

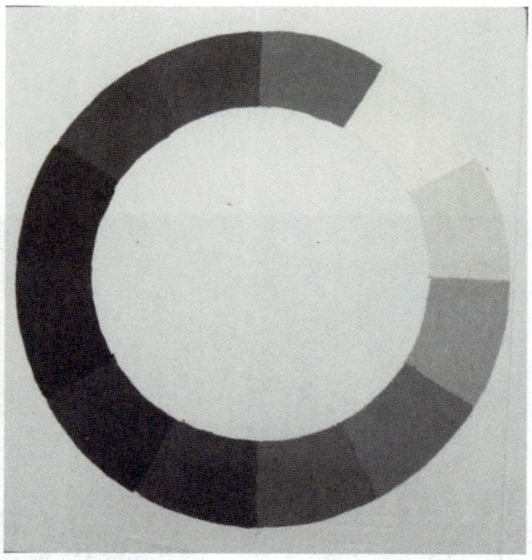

图 3-7 黑白灰渐变环

在室内模型装饰设计配色中，当室内任何两色发生冲突时，设计师可用无彩色来使之达到互补调和的效果。例如，当遇到蓝色和橙色这两种颜色较纯的配色时，为了降低其纯度，可加少许黑色 + 多点白色调成浅灰蓝色，或直接加少许黑色调成深灰蓝色，起到互补、缓冲、调和的作用。

有彩色是指红色、黄色、蓝色、绿色等带有颜色的色彩，如图 3-8 所示。下面介绍几点色彩基本理论知识：

（1）色彩的三要素

1）色相。色相是指色彩的相貌。如赤色、橙色、黄色、绿色、青色、蓝色、紫色等，它们之间的差别称为色相差别。在色环上对比度最高的三对色彩为：红色和绿色、橙色和蓝色、黄色和紫色，如图 3-8 所示。

2）明度。明度是指色彩本身的明暗深浅程度，也称亮度或深浅度。纯色中一旦加入白色，则明度提升；加入黑色，则明度下降。纯色中柠檬黄明度最高，蓝色、紫色明度最低。

3）纯度。纯度又称色彩的饱和度，也称色彩的灰度或鲜艳度，是指色彩本身的纯净程度。纯色中一旦加入灰色或其他颜色，其纯度必然降低。

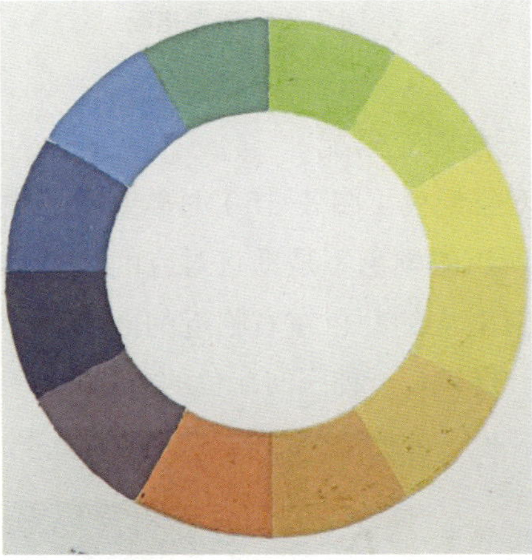

图 3-8 色环

（2）原色

原色是指无法用其他颜色混合得到的颜色。原色只有三种：红色、黄色、蓝色（图 3-9），是构成其他颜色的母色。原色不能由其他颜色调出，却可以调配出其他任何颜色。

图 3-9 三原色

（3）间色

三原色中任何两种颜色混合产生的颜色称为间色，又称第二色。间色也有三种：橙色、绿色、紫色。

（4）补色和对比色

1）补色。在色环上，相对的两种颜色（即在同一条直径上的两种颜色）为一组补色，如：红色和绿色、橙色和蓝色、黄色和紫色都是补色。

2）对比色。与指定的某色依色环角度为 108° ～ 144° 之间的所有色相称为其对比色系。

（5）同类色和邻近色

1）同类色。同类色是指色素比较相近的不同颜色，如：大红色、朱红色、玫瑰红色、深红色等颜色。

2）邻近色。邻近色是指在色环上相邻的各种颜色，如：黄绿色、黄色、橙黄色、橙色等颜色。

色彩专家伊顿根据三原色定义系统地发展出合成色、第三色等原理，并建立了 12 色基础色环，又称伊顿色环（图 3-10）。

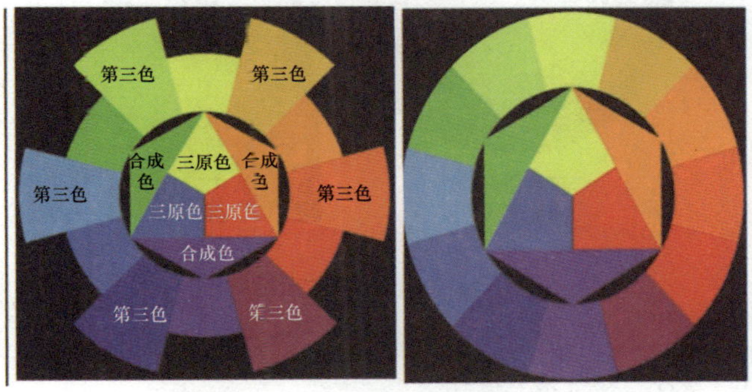

图 3-10 伊顿色环

48 色彩色环（多乐士色环）（图 3-11）是应用最为普遍的色环，因为 48 色是大部分人们可以区分的色彩极限。

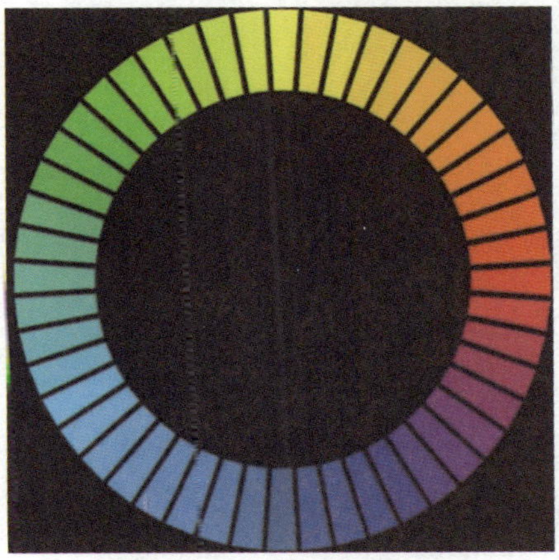

图 3-11 48 色彩色环（多乐士色环）

2. 常见的软装色彩搭配方式

(1) 单色搭配

单色搭配（图 3-12），可以呈现颜色明暗度变化的效果。

图 3-12 单色搭配

(2) 邻近色搭配

在室内模型软装制作中，将邻近色搭配在一起会很和谐（图 3-13）。

图 3-13 邻近色搭配

(3) 补色搭配

补色的组合（图 3-14）可以使人感觉红的更红，绿的更绿，虽然不和谐，但如果运用得好的话也可以很漂亮，给人视觉冲击力很强；如果运用得不好，就会给人俗气、刺眼的感觉。

图 3-14 补色搭配

(4) 三角对立搭配

三角对立配色（图 3-15）是软装配色中较为复杂的一种，所用的颜色不是垂直对应的，而是把一种颜色与它垂直对应的补色左右临近的颜色进行搭配，犹如三角形一样，是一种三向配色的方法。

图 3-15 三角对立配色

3. 室内模型的色彩设计

室内模型的色彩设计

在进行室内模型的色彩设计之前，应先掌握室内模型空间的大小、户型空间的方位、整体装饰风格、模拟居住者的类别和基本的配色技巧。掌握色彩的色相和色调关系有利于室内色彩配色的展开。不同方位在自然光线作用下的色彩是不同的，冷暖感也有差别，老人、小孩、男、女等不同人对色彩的要求有很大的区别，色彩设计应考虑模拟居住者的爱好。

室内色彩的配色问题是制作室内模型的关键，室内物件的品种、材料、质地、形式和彼此在空间内层次的多样性和复杂性需要室内色彩的统一，孤立的颜色无所谓美或不美。室内色彩效果取决于不同颜色之间的相互关系，同一颜色在不同的背景条件下，其色彩效果可以迥然不同，这是色彩所特有的敏感性和依存性。

（1）室内背景色彩

室内背景色彩是指地面、墙面、客厅背景墙、床铺背景等的颜色，占的面积较大，起到衬托室内物件的作用。背景色是室内色彩设计中的主体部分。一般来讲，室内背景色适宜用白色、浅色、浅灰色、浅粉色等浅色调，易于与其他色调协调，切忌大红色、大黄色、大紫色等纯色用在地面和墙体。柔和的背景色显得淡雅，给人舒适感。浓郁的背景色显得活跃、华丽，给人时尚感（图 3-16 ～图 3-22）。

图 3-16　室内模型地板色彩

图 3-17　室内模型书房背景墙色彩 1

图 3-18　室内模型书房背景墙色彩 2

图 3-19　室内模型客厅背景墙色彩

图 3-20　室内模型床铺背景色彩

图 3-21　室内模型卧室床铺大背景色彩

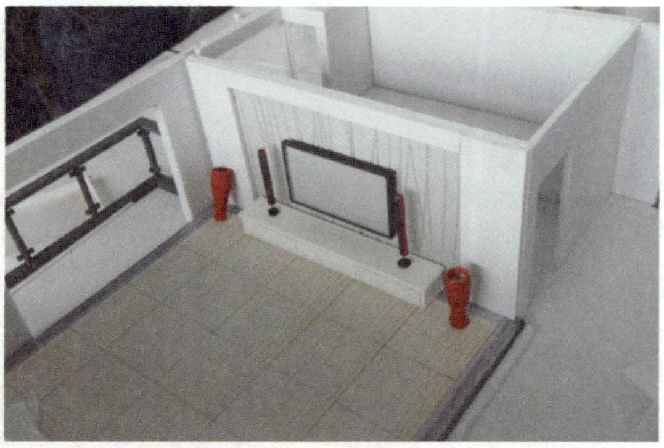

图 3-22 室内模型电视背景墙色彩

（2）室内家具色彩

不同材料、不同品种、不同风格的家具（如沙发、酒吧柜、橱柜、衣橱、梳妆台、床、桌、椅等）是室内陈设的主体部分之一，其色彩是室内的主角色和配角色，搭配其他角色通常以此为基础。家具色彩（图3-23～图3-28）和室内背景色彩是控制室内总体效果的主体色彩。

在主角色家具配色方面，如果要整体协调、稳重，则应选择与背景色、配角色相近的同相色或同类色。如果要产生鲜明、生动的效果，则应选择与背景色或者配角色成对比的色彩。

图 3-23 室内模型家具色彩 1

图 3-24 室内模型家具色彩 2

图 3-25 室内模型家具色彩 3

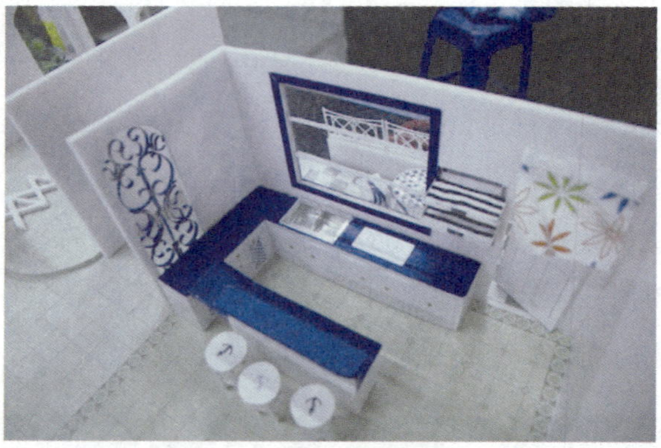

图 3-26 室内模型吧台色彩 1

图 3-27 室内模型吧台色彩 2

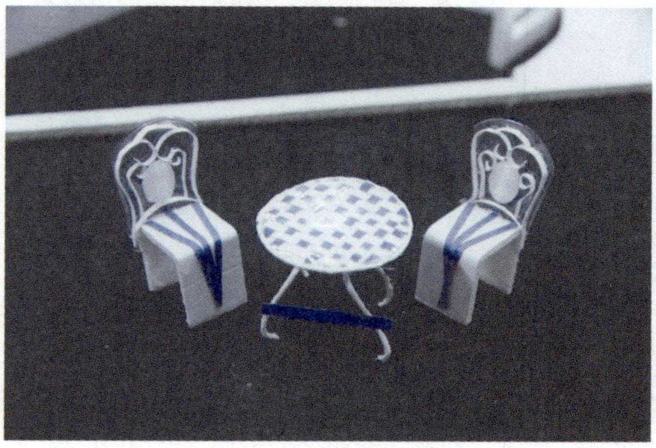

图 3-28 室内模型吧台色彩 3

（3）室内织物色彩

室内织物包括窗帘、地毯、布艺沙发、床罩、台布、坐垫、抱枕等。室内织物的图案、材料、质感、色彩在室内模型制作中起到装饰主体的作用，织物也可用于背景装饰，起到烘托整体气氛的作用（图 3-29～图 3-32）。

图 3-29　模型布艺沙发色彩 1

图 3-30　模型布艺沙发色彩 2

图 3-31　模型布艺床垫色彩

图 3-32　模型布艺屏风色彩

（4）室内陈设色彩

室内陈设色彩是室内配色重点点缀色彩，室内陈设（如绘画雕塑、灯具、日用器皿、工艺品、花瓶等）通常可起到画龙点睛的装饰作用（图 3-33～图 3-35）。

图 3-33　室内陈设色彩 1

图 3-34　室内陈设色彩 2

图 3-35　室内陈设色彩 3

（5）室内绿化色彩

在室内模型制作中，盆景、花篮、插花、植物等室内绿化有不同的色彩情调，与室内其他色彩容易协调，对丰富空间环境有着特殊的装饰作用（图 3-36 ～图 3-38）。

图 3-36　室内模型绿化色彩 1

图 3-37　室内模型绿化色彩 2

图 3-38　室内模型绿化色彩 3

4. 室内模型的色彩配置原则

室内模型的色彩配置原则

在室内模型色彩配置时需要统一组织各种色彩的色相、明度和纯度。和谐的室内环境色调是根据色彩的秩序来组织各种色块的结果。比如南齐谢赫在《画品》中提到的“随类赋彩”，就是从古代装饰工艺独立出来成为中国绘画着色特征的准则。这些色彩秩序要遵循统一性原则、连续性原则和对比性原则。

（1）统一性原则

统一性原则就是使组成色调的各种颜色具有相同的色相或纯度或明度。在模型制作中，以相同的色彩来组织室内环境色调的方法用得较多。

（2）连续性原则

色彩的明度、纯度或色相依照光谱的顺序形成连续的变化关系，根据这种变化关系选配室内的色彩，即连续的配色方法。采用这种方法，可达到在统一中求变化的目的。

（3）对比性原则

为了突出重点或打破沉郁的气氛，可以在室内空间的局部上运用与整体色调相对比的颜色。实际运用中，突出色彩在明度上的对比易于获得更好的效果，但这种对比色彩不要超过三对以上，否则会显得乱而杂，破坏室内的整体色彩气氛。

在配置室内模型色彩的全过程中，上述三个原则构成了三个步骤。统一性原则是色彩配置的起点，根据这一原则，确定室内环境色调的基本色相、纯度和明度。连续性原则应用于室内模型制作的色彩设计配置中，确定几种主要颜色的对应关系。对比性原则主要体现在室内颜色配色设计的点睛之处，营造室内环境色彩的情调。

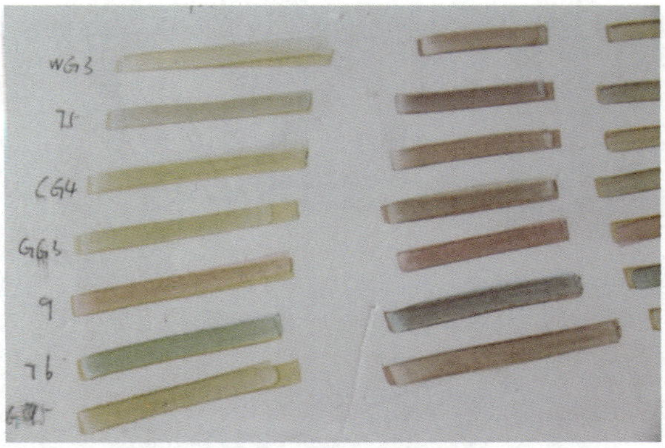

图 3-39　暖色马克笔色号

（4）室内模型黄金配色比

黄金配色比是通过科学的方法来获取和谐的视觉美感，指的是在一个平面或一个物体上的两个或两个以上颜色，各自所占的面积及展示的各颜色之间百分率的关系。黄金配色比不仅适用于客厅、卧室、厨房和浴室，也可以解答关于地板、沙发、家具、窗帘的配色问题。

黄金配色比为 70% + 25%+5%。其中 70% 为背景色，指墙体、地面、窗帘等的色彩。25% 为主角色＋配角色，指家具主体和配套家具的色彩。5% 为点缀色，指装饰画、灯具、装饰品等的色彩。

图 3-40　暖色马克笔绘制在 KT 板上的效果（一次上色）

5. 室内模型的色彩表现方法

马克笔上色表现技法

室内模型制作的色彩主要依靠各种不同的材质来表现。

（1）马克笔上色表现技法

马克笔上色能快速、简便地表现设计意图及色彩关系。马克笔的种类主要有水溶性马克笔、油性马克笔和酒精性马克笔。马克笔的笔头较宽，笔尖可画细线，斜画可画粗线，类似于美工笔用法，通过线、面结合可达到理想的上色效果。

图 3-41　暖色马克笔绘制在 KT 板上的效果（二次上色）

下面介绍马克笔应用在室内模型制作中的表现方法。

① 马克笔技法应用于室内模型地板的上色

浅灰色、鹅黄色、浅咖色、浅蓝色等浅色的马克笔快速平涂在 KT 板上会形成类似金刚板一样较浅的木质肌理效果，很适合用来表现地板。用马克笔在 KT 板画的时候要注意用宽的笔头画，要顺着方向由上向下画粗线，切忌来回涂抹。由于 KT 板不吸水，因此画的时候要轻要快。先用有色马克笔画一遍，等干后再用透明的浅灰色轻轻地通涂一遍，颜色就会显得饱和自然（图 3-39 ～图 3-43）。

图 3-42　暖色马克笔绘制在 KT 板上的效果（二次上色以后全景）

图3-43 马克笔技法——木质地板效果的上色

② 马克笔技法应用于室内模型家具、背景墙、木质门套和窗套的上色

土黄色、咖啡色、土红色、褐色等深色的马克笔可用于表现木质家具、门套等木质效果的上色。上色技法跟画地板一样需要两次上色（图3-44～图3-60）。

图3-44 木质家具效果的上色1

图3-45 木质家具效果的上色2

图3-46 木质家具效果的上色3

图3-47 木质家具效果的上色4

图3-48 木质家具效果的上色5

图3-49 木质家具效果的上色6

图 3-50 木质家具效果的上色 7

图 3-51 木质家具效果的上色 8

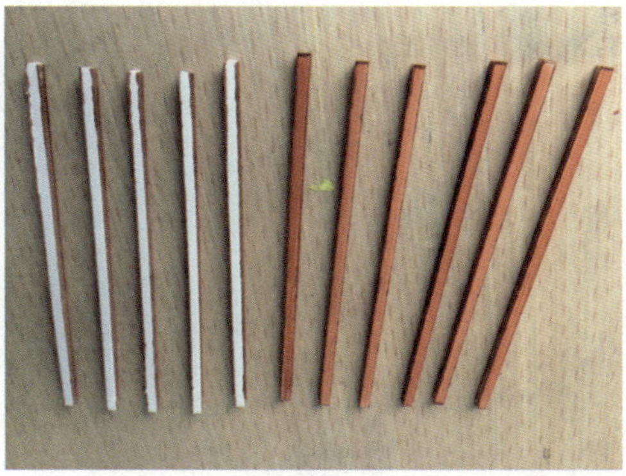

图 3-52 木质家具效果的上色 9

图 3-53 木质家具效果的上色 10

图 3-54 木质家具效果的上色 11

图 3-55 木质家具效果的上色 12

图 3-56 木质家具效果的上色 13

图 3-57 木质家具效果的上色 14

图 3-58 木质家具效果的上色 15

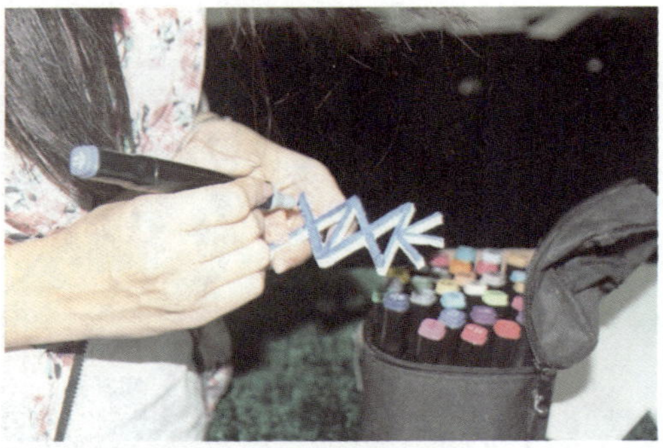

图 3-59 地中海风格窗户效果的上色 1

图 3-60 地中海风格窗户效果的上色 2

（2）丙烯上色表现技法

丙烯上色
表现技法

丙烯颜料可用水稀释，不需要用松节油等稀释剂调配颜色。用后直接用水清洗绘制工具。在上色过程中颜料在落笔后几分钟即可干燥，比油画颜料、水粉水彩颜料、喷漆等更快。丙烯颜料的颜色较水粉颜料更加饱满、鲜艳，易溶于水，在调配过程中不易产生脏颜色，上色到 KT 板后会迅速干透并失去可溶性，形成类似于不渗水的漆膜一样的保护膜，所以一般不会掉色。丙烯颜料形成的胶膜较有利于室内模型作品的长期保存。

① 丙烯上色技法应用于室内模型墙体

在 KT 板材质的室内模型制作中，有时候需要在白色墙体上上色，如浅黄色、浅灰色、浅米色等。在 KT 板上上丙烯颜料时要注意平涂，涂色一遍后需要晾干再涂一遍，一般涂两遍后效果会更均匀。在白墙上上色要求墙面平整无笔痕，笔刷上的颜料一次不能太多，颜色调配不能太稀也不能太稠，涂色的时候用笔要平要轻，要尽量往一个方向涂刷，注意不要来回涂（图 3-61、图 3-62）。

图 3-61 电视背景墙的上色

图 3-62 橱柜的上色

② 丙烯上色技法应用于室内模型地板瓷砖

在制作 KT 材质的模型瓷砖时，应采用室内设计“地板浅、家具深”的原则来设计色彩，一般需要用丙烯颜料调配浅蓝色、浅灰色、浅米色等浅色来绘制地板瓷砖。为了画出瓷砖的效果，可在上色完全干透以后按比例画上瓷砖的细格子线，注意格子线的颜色一般不要太鲜艳，以黑灰色或与瓷砖接近的颜色为主，如图 3-63 所示。

图 3-63　地板的上色

③ 丙烯上色技法应用于室内模型门套和窗套

在模型门套上色时，一定要根据模型的室内装饰风格来设计色彩。如果是现代简约风格的室内模型，门套一般上浅黄色的类似木质质感的颜色；如果是中式古典风格的室内模型，门套一般上土红色、暗红色、深红色、褐色的类似红木、胡桃木色的颜色。窗套和阳台栏杆一般上浅灰色、银灰色等中间色（图 3-64～图 3-66）。

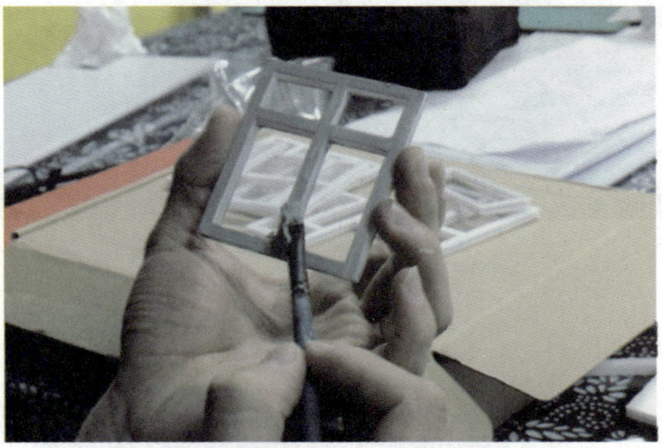

图 3-64　窗套的上色

图 3-65　栏杆的上色

图 3-66　阳台栏杆的上色效果

④ 丙烯上色技法应用于室内家具

丙烯颜料可以根据室内风格颜色的需要调配出各种与室内调和的颜色，丙烯颜料既可以涂到 KT 板材质的模型家具上，也可以根据需要的颜色调到 PV 材质的模型家具上。例如，一般 PV 材质的成形模型都是白色的，当制作者需要一张胡桃木颜色的双人床模型时，可以用丙烯颜料褐色加赭石色加黑色调配出胡桃木的颜色，上到白色的 PV 材质的模型上。注意上色的时候要 360° 全方位涂色，只有把颜色涂得均匀，模型效果才会逼真。总之，丙烯颜料需要调配后才可使用，除了黑色、白色、灰色三色外，一般不可直接将某种颜色未经调色直接上到模型上。在调色、上色过程中，先要在草稿纸上试一下颜色，看看是否与模型搭配，然后再涂到模型上。丙烯颜料需要用笔刷到模型上，笔刷一般会把痕迹留到模型上，所以不适合大面积上色；如果是比较大的模型墙体绘制，颜色调配均匀后，建议用滚筒上色。丙烯颜料上色技法适合室内一些小面积的涂饰，可起到画龙点睛的作用（图 3-67～图 3-69）。

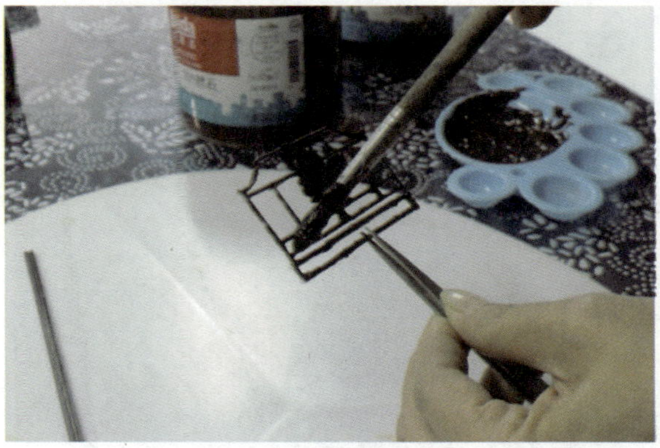

图 3-67　室内家具的上色 1

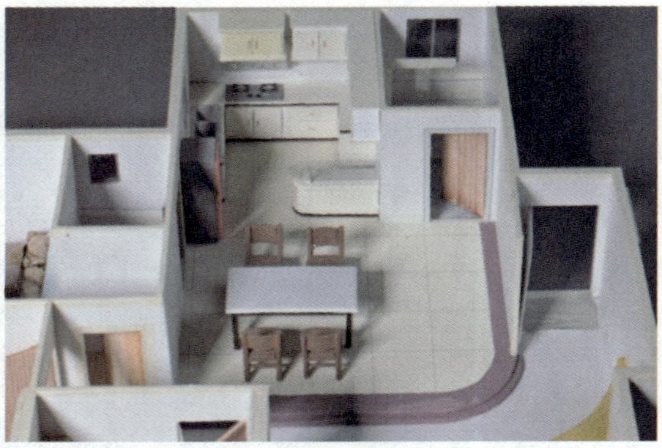

图 3-68 室内家具的上色 2

图 3-69 室内家具的上色 3

（3）喷漆上色表现技法

喷漆上色
表现技法

室内模型的喷漆上色技法比丙烯上色技法要简单一点。模型制作者开始喷漆时，首先应根据需要的颜色，在小块板上试喷一下颜色效果，然后再喷到家具上面。一般要喷两遍才能喷均匀，根据需要先喷一遍深色，然后再喷一遍浅色就可以喷出渐变色的效果（图 3-70 ～图 3-73）。注意，在使用喷漆之前一定要戴上口罩，在模型下面铺上报纸以防沾污地板，同时注意，不要喷到皮肤。

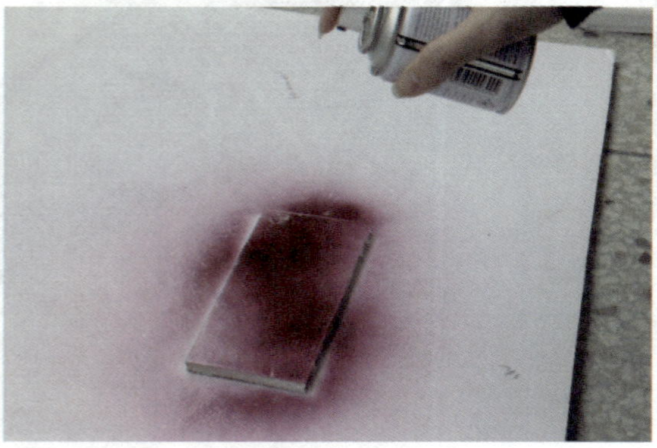

图 3-70 喷小板

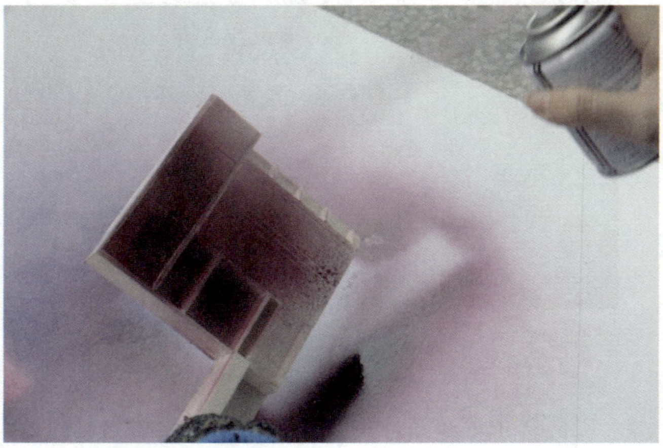

图 3-71 先喷一遍深色

图 3-72 再喷一遍浅色

图 3-73 梳妆台及衣橱效果

项目 4　以 KT 板为主材的室内模型装饰设计与制作实践

项目概述

本项目为实训方法与训练制作步骤分解，主要以 KT 板为例制作一个完整的模型。

知识目标

- 掌握缩放项目原始平面图、放样下料的方法。
- 掌握切割、打磨、粘接、拼合组装制作以 KT 板为主材的模型地面、墙体及门窗的操作技巧。
- 掌握使用工具材料制作以 KT 板为主材的模型软装家具的步骤及绿化技巧。

能力目标

- 能根据项目主题进行以 KT 板为主材的模型整体方案设计。
- 能缩放项目原始平面图、立面图比例尺寸，并放样到模型主材。
- 能使用工具材料根据方案设计制作以 KT 板为主材的模型地面、墙体、门窗及软装家具配置。
- 能摆放、调整模型并做细节处理。

素质目标

- 具备室内设计行业基本能力素质及团队协作和沟通交流能力。
- 养成及时完成阶段性工作任务的习惯，具有较强的忍耐力。
- 制作模型的过程中保持严谨的态度，培养精益求精的工匠精神。
- 学会举一反三、融会贯通，能够使用不同方法表达模型。
- 树立规范意识和安全意识，遵守实训现场的管理制度。

4.1　室内模型制作方案构思

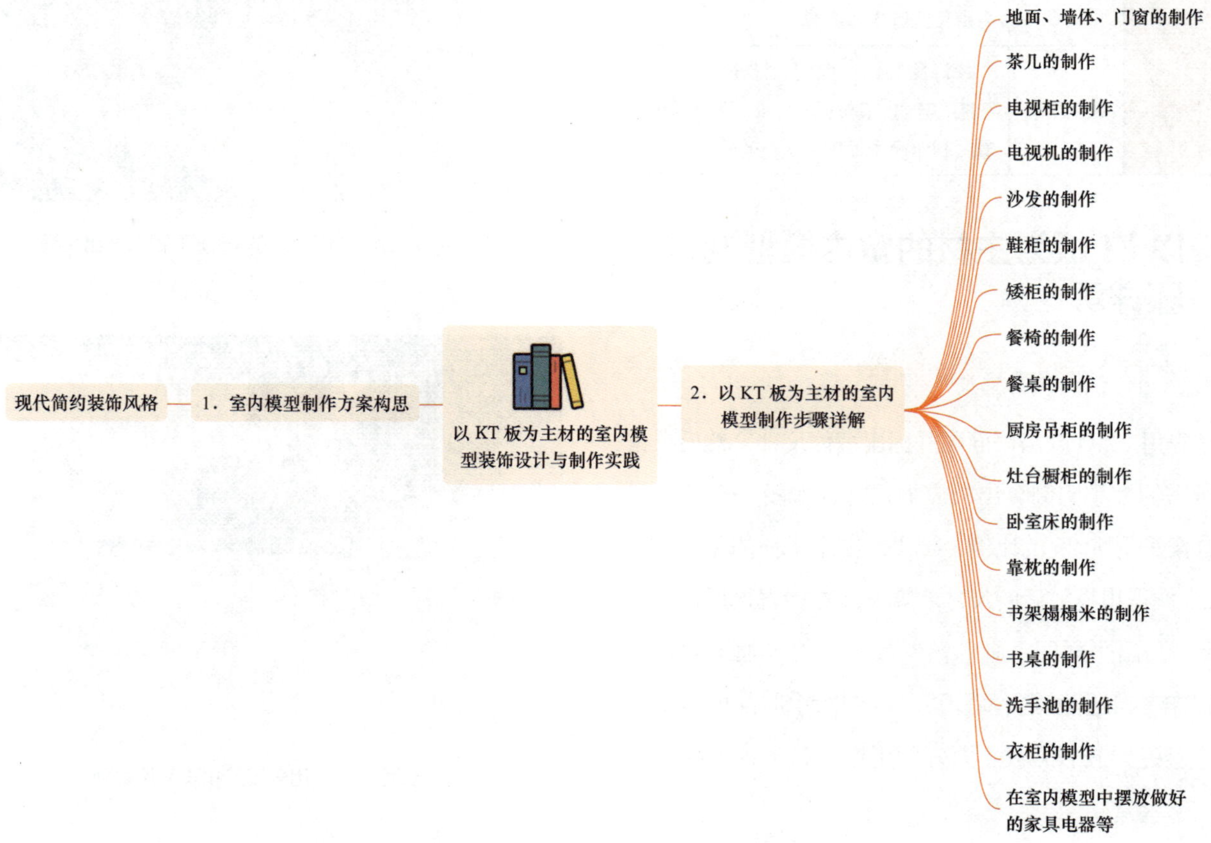

好的开始是成功的一半，在动手之前，首先要将主题方案确定下来，然后再设计制作方案。为了达到预期的目的，选择合适的工具材料至关重要。根据室内装饰的风格特点和空间布局，选择以 KT 板为主材，布料、丙烯等材料搭配的方式，见表 4-1。

表 4-1　室内模型制作方案构思

主题方案	现代简约装饰风格	
课题分析	设计室内平面图，校正图纸后按比例缩放	
模型比例	1:25	
模型规格	48cm×52cm	
模型选用工具、材料	模型胶、酒精胶、镊子、铅笔、美工刀、钩刀、砂纸、丁字尺、油性笔、双面胶、KT 板、1mm 厚亚克力、透明亮面塑胶、马克笔、白乳胶、大头针、尺子、电吹风、丙烯、水粉笔、针线、墙纸若干、布料	
整体调整	模型做好后，必须根据平面图进行整体调整，如发现有比例不协调的地方要及时调整，最后将灰尘、碎料等清理干净	
进度要求	8 课时	设计平面图，确定室内装饰风格，上网购买材料工具
	10 课时	制作墙体、底盘、门窗、室外景观
	12 课时	室内陈设制作：客厅电视墙、电视柜、沙发、茶几、橱柜、餐桌、椅子、书桌和床等主要家具
	12 课时	装饰品制作：抱枕、被子、枕头、花瓶、电视、装饰画、灯饰、洗刷盆等，最后制作模型保护

4.2　以 KT 板为主材的室内模型制作步骤详解

1. 地面、墙体、门窗的制作

首先用 CAD 画出平面图并标出墙体尺寸，然后根据模型所需的大小比例算出相应的尺寸，如图 4-1 所示。该套方案采用 1:25 的比例，把平面图上标注的原始尺寸除以 25 就得出缩放后的尺寸。算好尺寸后直接用铅笔在 KT 板上画出平面图。画时落笔要轻，铅笔痕迹要浅，只要制作者自己能够看清即可。画图时手肘部位尽量提起来，避免弄脏 KT 板。画好后用橡皮将多余的线条擦干净。

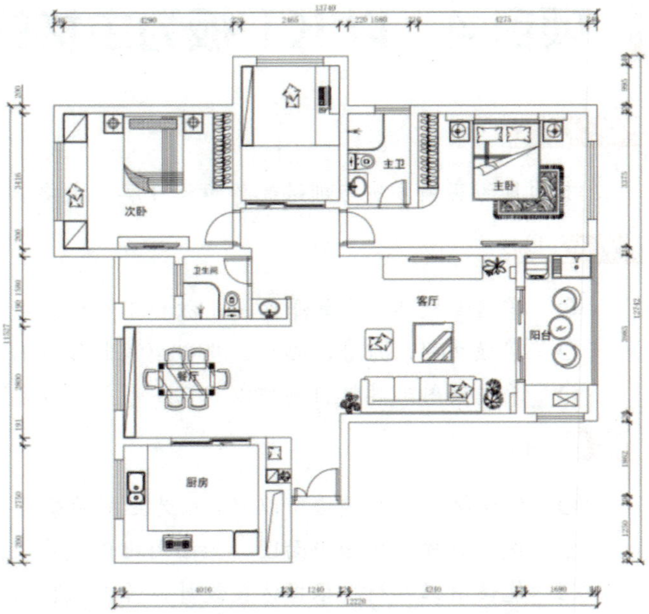

图 4-1　平面图

地面、墙体、门窗的制作过程如图 4-2 ～图 4-81 所示。

图 4-2　用丁字尺和铅笔在 KT 板上画出平面图

图 4-3　用美工刀和丁字尺切割

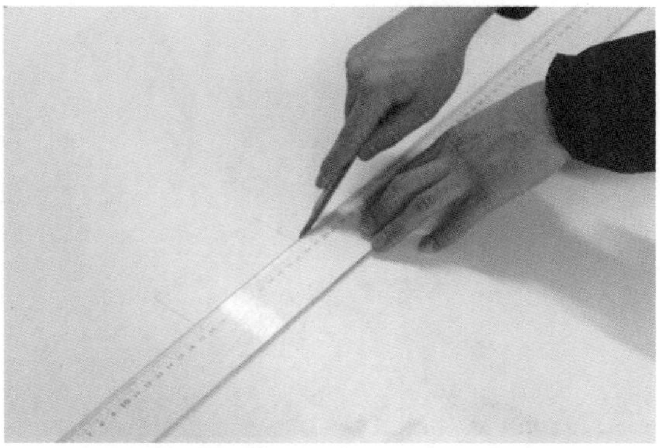

图 4-4　切割出画好的平面图

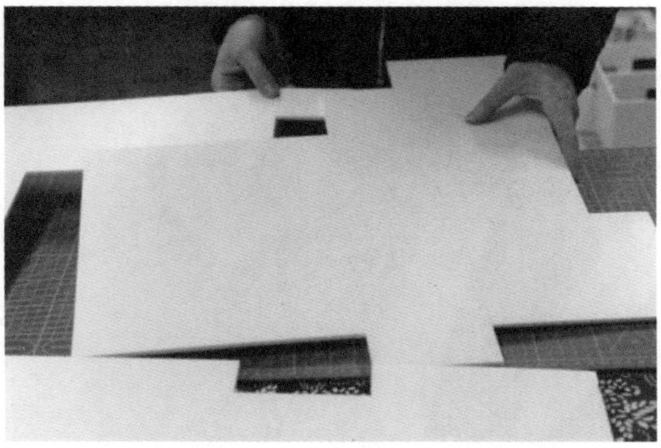

图 4-5　轻轻将板块分离

图 4-6　切好的平面图板效果

图 4-7　用铅笔在 KT 板两边标记好墙体的高度

图 4-8　将丁字尺对准记号切割

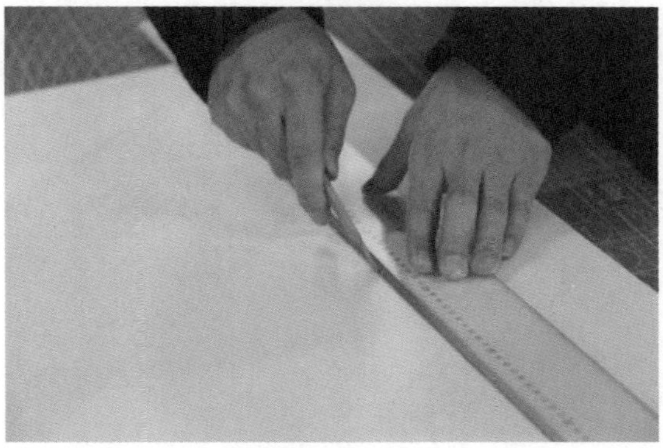

图 4-9　切到一半时用力按住尺子以免切歪

图 4-10　将切好的墙板对应平面图墙体的长度做记号

图 4-11　画出墙体的折角处

图 4-12 切割墙体的折角处

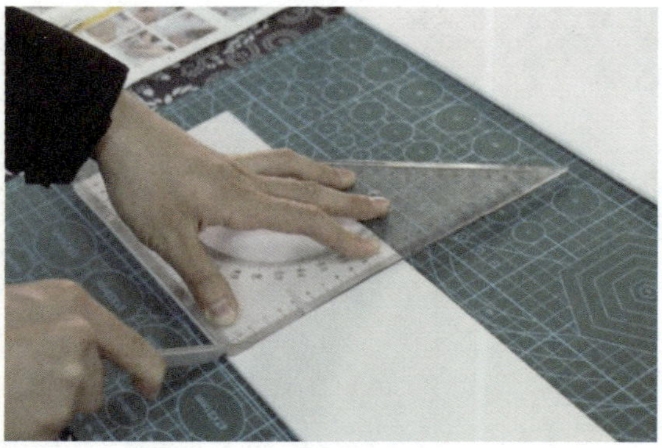

图 4-13 切割时只切一半不要切到底

图 4-14 轻轻掰开第一道切痕

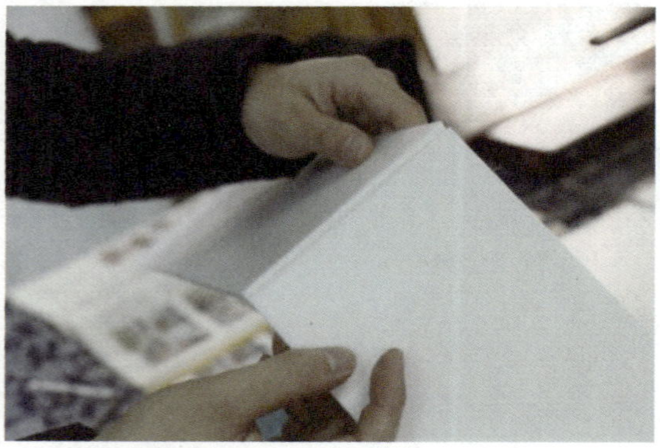

图 4-15 掰开第二道切痕

图 4-16 对折后将中间的板块切除

图 4-17 切割时保持平直

图 4-18 切好后轻轻取出

图 4-19 切割完成的墙体折角

图 4-20　测量好窗户尺寸并画出来

图 4-21　沿着铅笔画的直线切割

图 4-22　边角处应用力往下按

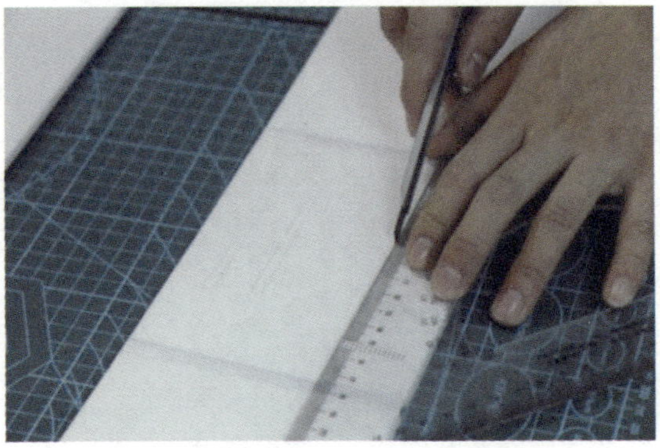

图 4-23　切割完成

图 4-24　将切割好的窗户取出

图 4-25　取出后的窗户

图 4-26　用手指轻轻往上顶，将切除的板块取出

图 4-27　切割完成的窗户

图 4-28 用同样的方法切割出推拉门

图 4-29 切割出的门洞

图 4-30 将切割好的窗户对半切开

图 4-31 切成两半的窗户

图 4-32 对应亚克力板剪出相应大小

图 4-33 在窗户一面抹上白乳胶

图 4-34 将亚克力板贴上

图 4-35 另一面也抹上白乳胶后贴上

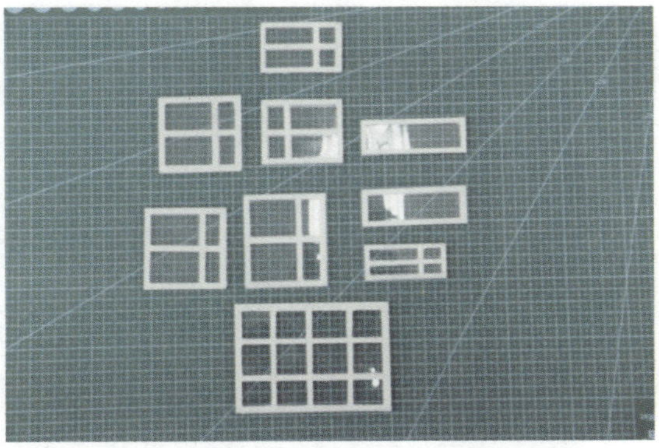
图 4-36　粘贴好的门窗

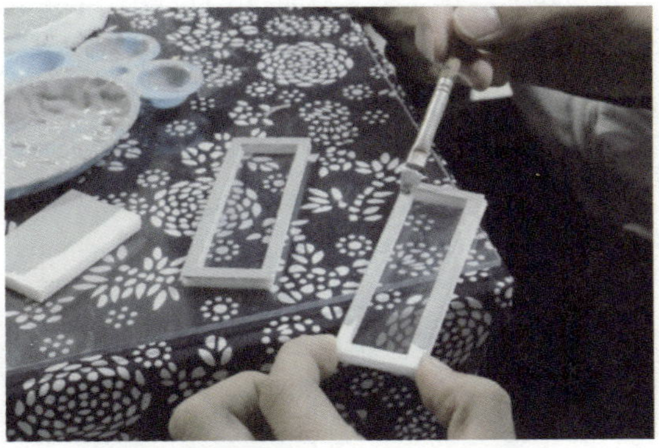
图 4-37　给门窗涂上一层浅灰色水彩颜料

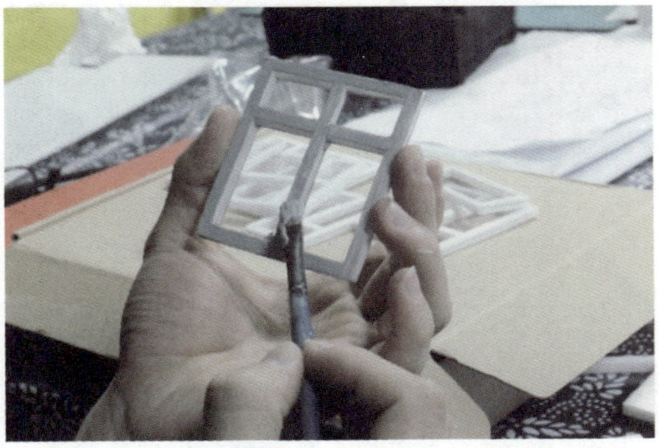
图 4-38　上色时来回涂抹

图 4-39　上完色后用电吹风吹干

图 4-40　用镊子清理涂在亚克力板上的水彩颜料

图 4-41　门窗最终效果

图 4-42　用马克笔在卧室位置画出木地板

图 4-43　沿着尺子画直线

图 4-44 画出的直线尽量不要重叠在一起

图 4-45 画好后的木地板

图 4-46 用黑笔画出客厅、餐厅的瓷砖

图 4-47 地面的最终效果

图 4-48 用空芯油性笔画出卫生间墙面瓷砖纹理

图 4-49 用尺子准确测量

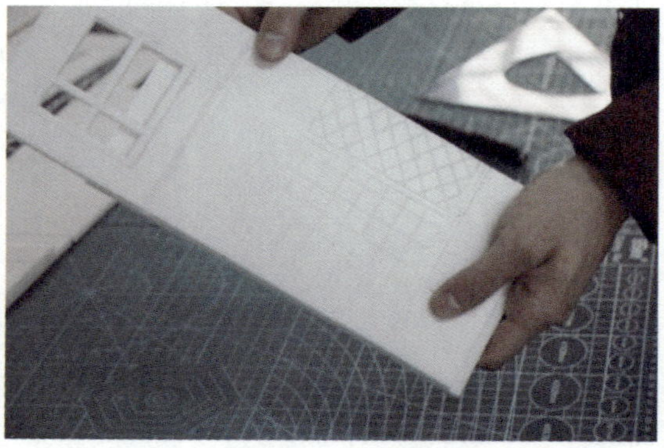

图 4-50 墙面瓷砖纹理最终效果

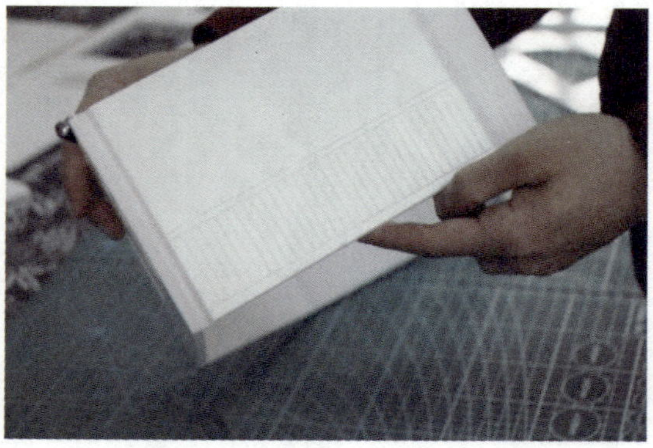

图 4-51 用同样的方法画出客厅、餐厅墙裙纹理

图 4-52　用马克笔画出踢脚板

图 4-53　踢脚板最终效果

图 4-54　选出两种马克笔并试一下颜色

图 4-55　先用较浅的颜色画出木饰面

图 4-56　再用较深的颜色画一遍

图 4-57　可以多画几遍直到画出想要的效果

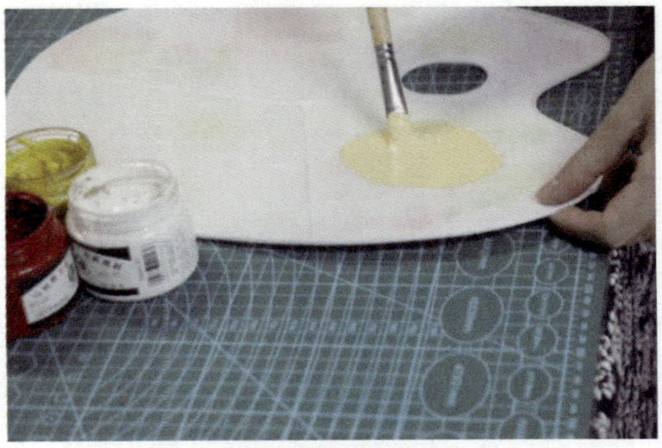

图 4-58　用丙烯颜料调出米黄色

图 4-59　平涂出墙面颜色

图 4-60 上完色的效果

图 4-61 用同样的方法调出相应区域的颜色并上色

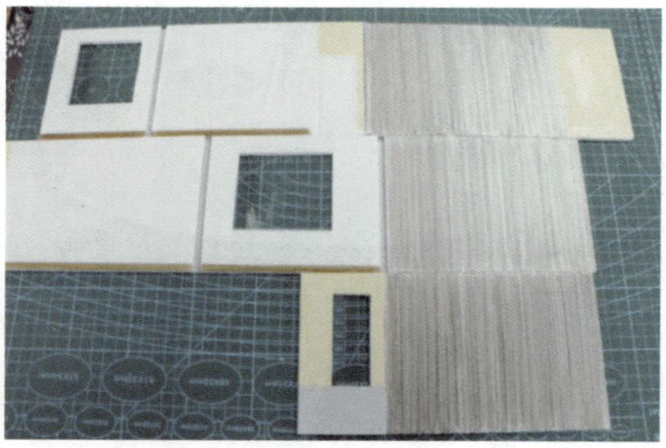

图 4-62 木饰面和踢脚板效果

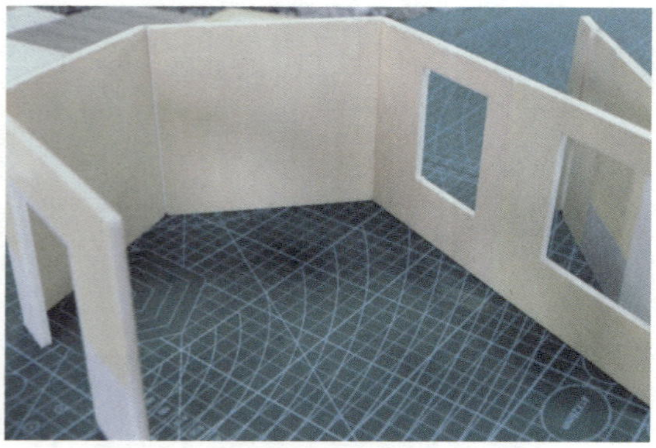

图 4-63 厨房墙面最终效果

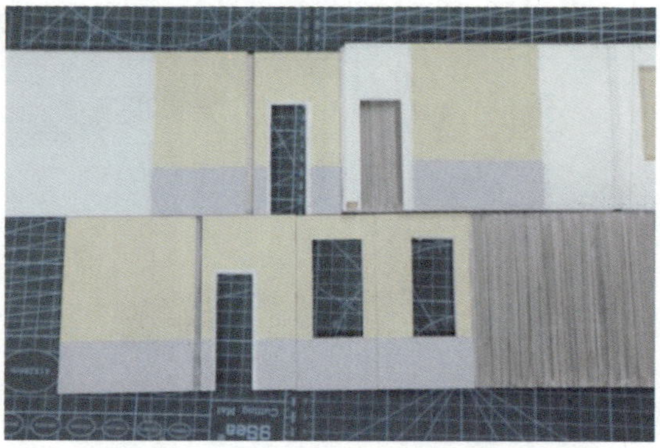

图 4-64 卫生间墙面最终效果

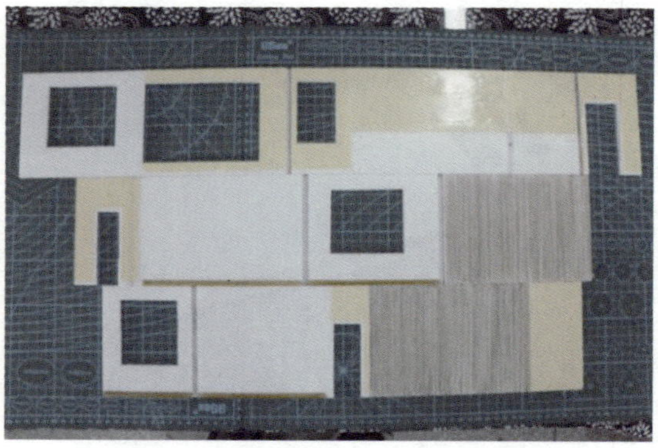

图 4-65 客厅、餐厅墙面最终效果

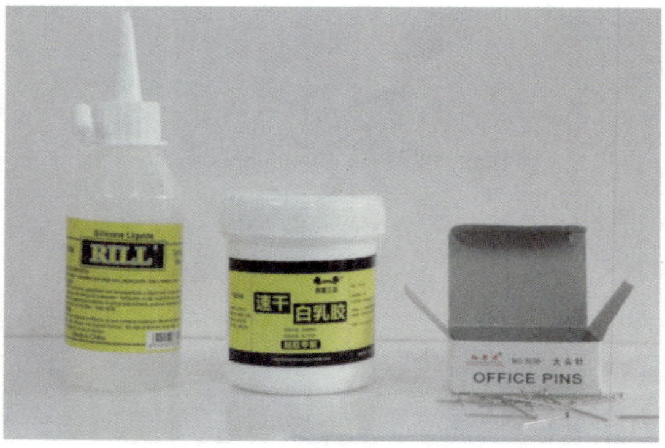

图 4-66 准备好酒精胶、白乳胶以及大头针

图 4-67 在墙体折角处涂上酒精胶

图 4-68　在底板上涂上酒精胶

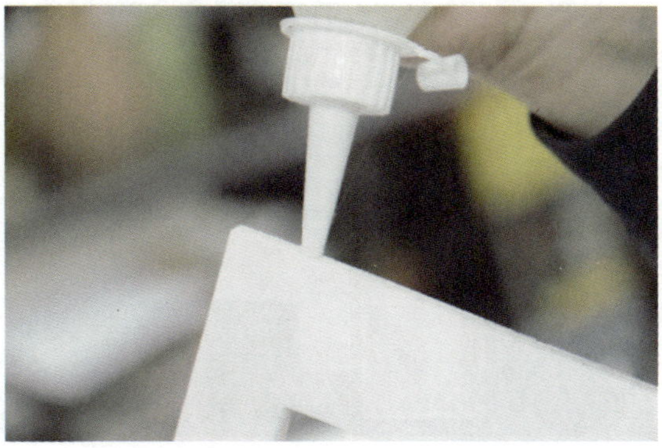

图 4-69　墙体边缘涂上酒精胶

图 4-70　将墙体与地面拼接

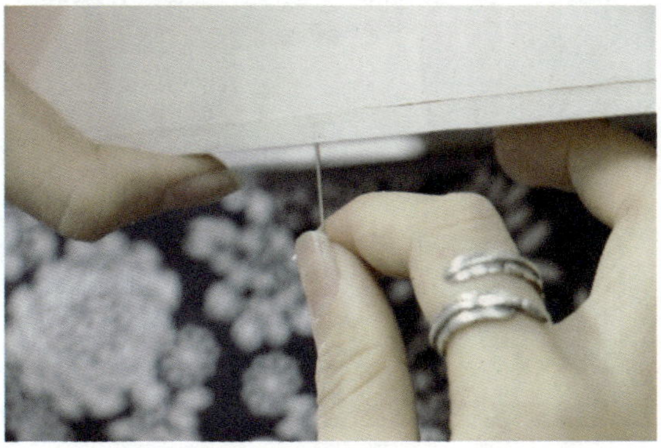

图 4-71　在底下扎上大头针固定

图 4-72　拼接时扶住片刻，待酒精胶完全粘牢后松开

图 4-73　地面中心位置扎上大头针

图 4-74　墙体边缘涂上酒精胶

图 4-75　折角处用手扶住固定片刻

图 4-76 拼接完成一半时的效果

图 4-77 为保证墙体粘贴精准可以轻轻平移

图 4-78 折角处应多涂一些酒精胶

图 4-79 检查粘好的墙体是否牢固

图 4-80 保持墙体垂直

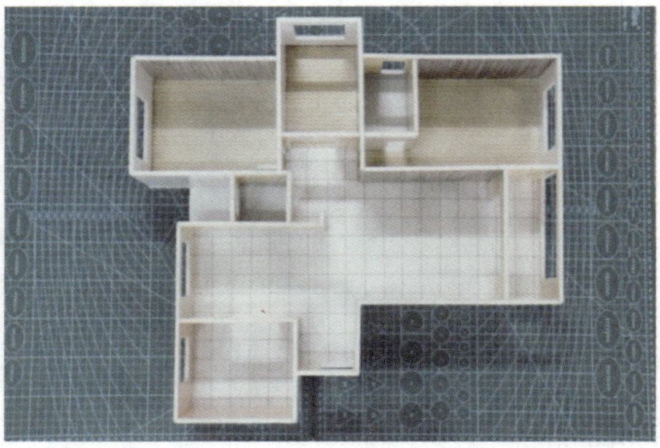

图 4-81 墙体拼接最终效果

2. 茶几的制作（图 4-82～图 4-89）

以 KT 板
为主材制作
茶几模型

图 4-82 切割出茶几所需板块

图 4-83　把桌面四角切除

图 4-84　用砂纸打磨平滑

图 4-85　用酒精胶粘贴

图 4-86　剪一小块碎布，用美工刀将边缘剔除

图 4-87　将碎布放置于茶几正中间

图 4-88　涂上酒精胶后贴上亚克力板

图 4- 89　茶几最终效果

3. 电视柜的制作（图 4-90 ～图 4-101）

以 KT 板
为主材制作
电视柜模型

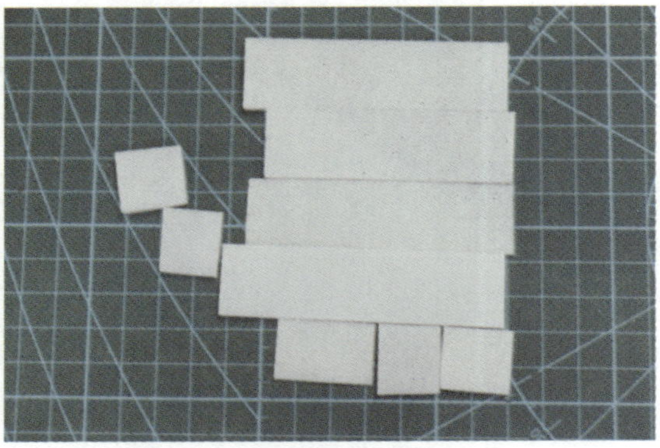

图 4-90 切割出电视柜所需板块

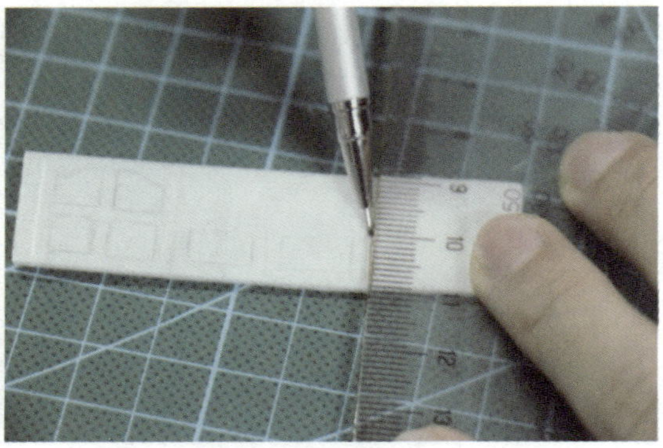

图 4-91 画出电视柜柜门

图 4-92 切割出柜门

图 4-93 切割完成

图 4-94 用马克笔给电视柜面板上色

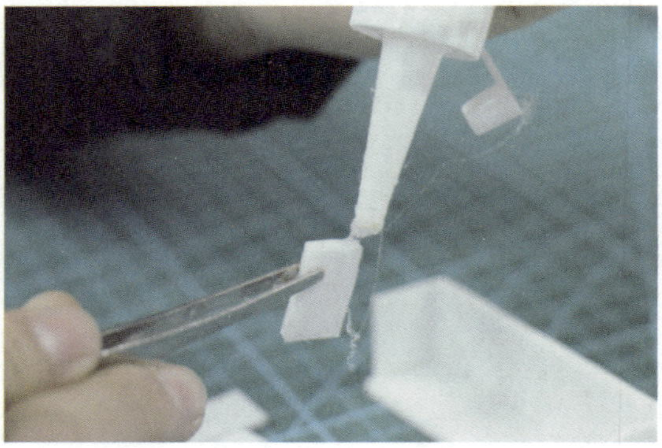

图 4-95 涂上酒精胶拼贴

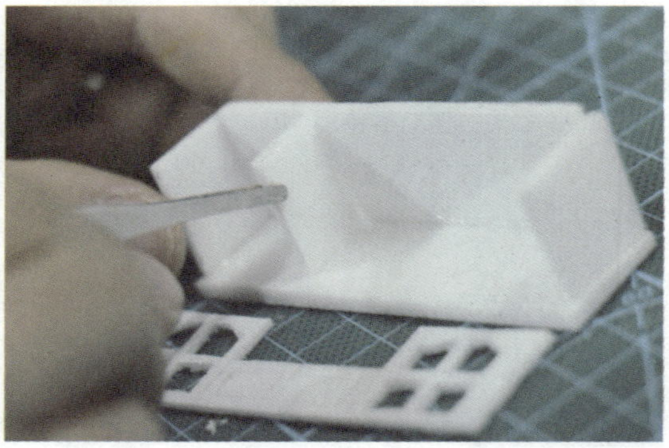

图 4-96 用镊子调整位置

图 4-97 盖上上好色的面板

图 4-98 剪出柜门对应大小的亚克力板

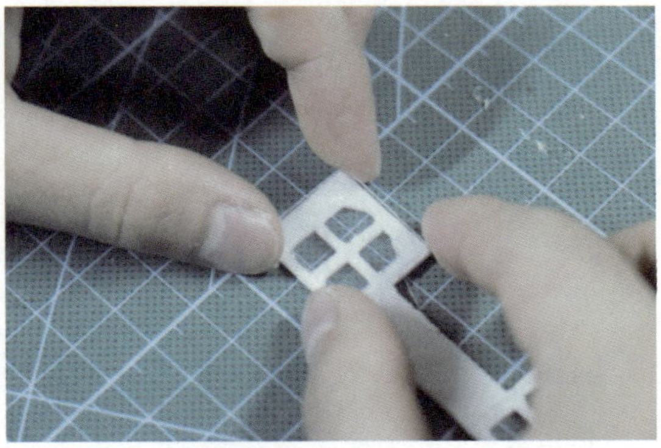

图 4-99 涂上酒精胶后贴上亚克力板

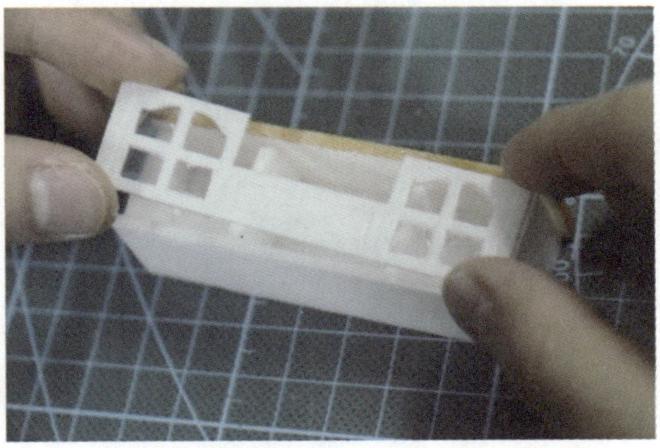

图 4-100 贴上电视柜柜门

图 4-101 电视柜最终效果

4. 电视机的制作（图 4-102 ～图 4-111）

以 KT 板
为主材制作
电视机模型

图 4-102 在 KT 板上按比例切割出电视标准大小

图 4-103 对半切开

图 4-104 剪出对应大小的黑色贴纸

图 4-105　切割出四个对角

图 4-106　切割完成

图 4-107　平整翻折粘贴

图 4-108　剪出对应大小的亚克力板

图 4-109　在四个边角滴上酒精胶

图 4-110　贴上亚克力板

图 4-111　电视机最终效果

5. 沙发的制作（图 4-112 ～图 4-129）

以 KT 板
为主材制作
沙发模型

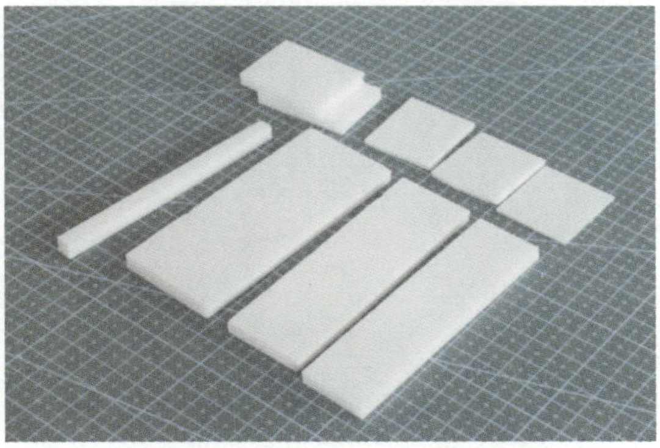

图 4-112　切割出沙发所需板块

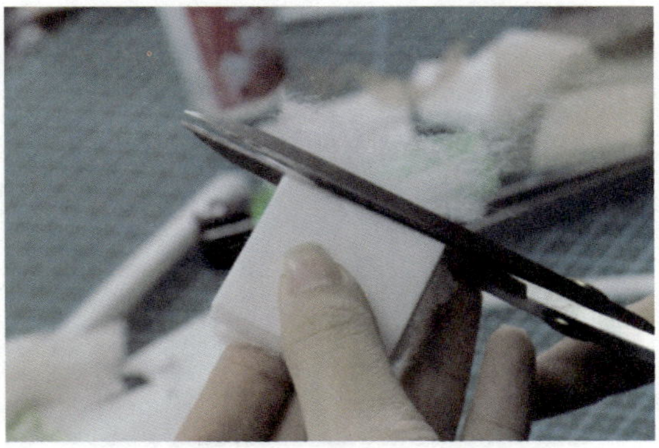

图 4-113　剪出坐垫相应大小的棉花

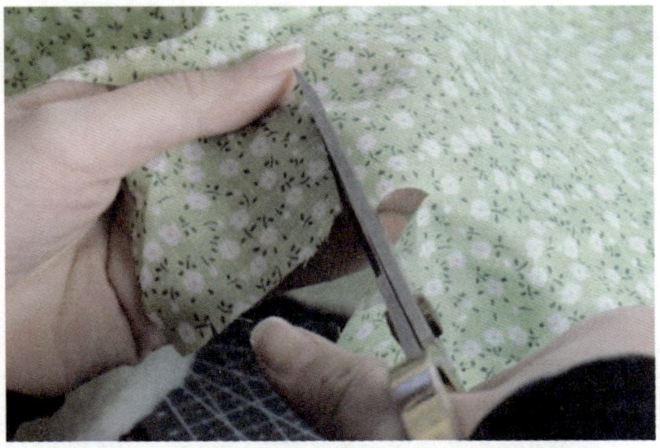

图 4-114　剪出能包裹整个坐垫的碎布块

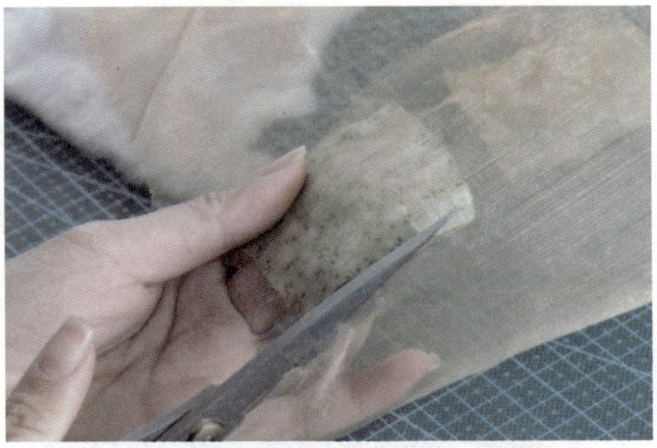

图 4-115　剪出与碎布同样大小的纱布

图 4-116　坐垫板块涂上酒精胶

图 4-117　棉花放置于坐垫板块底部

图 4-118　边缘翻折粘牢

图 4-119　坐垫粘贴完成

图4-120 继续在底部涂上酒精胶

图4-121 同样将边缘翻折后粘牢

图4-122 待一边粘住后继续翻折另一边

图4-123 两边都翻折后用双手按住

图4-124 坐垫最终效果

图4-125 用同样的方法做出沙发靠背

图4-126 贴上沙发坐垫

图4-127 剪掉坐垫边缘对角的多余部分

图 4-128　贴上沙发扶手

图 4-129　沙发最终效果

6. 鞋柜的制作（图 4-130 ~图 4-145）

以 KT 板
为主材制作
鞋柜模型

图 4-130　切割出鞋柜板块，将其对半切开

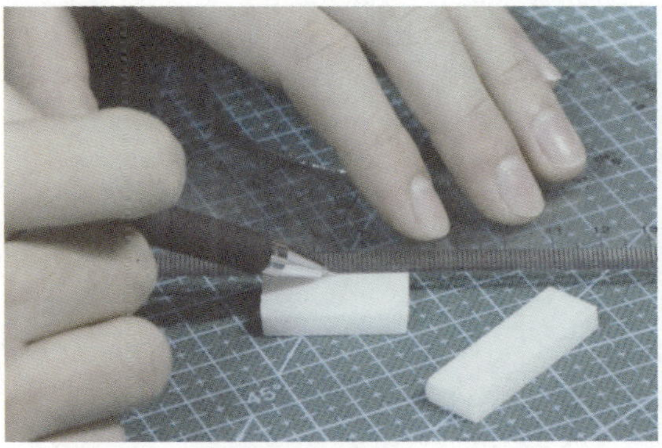

图 4-131　用空芯油性笔画出柜门纹理

图 4-132　用马克笔给鞋柜顶面板上色

图 4-133　连续涂两遍，让颜色更深一些

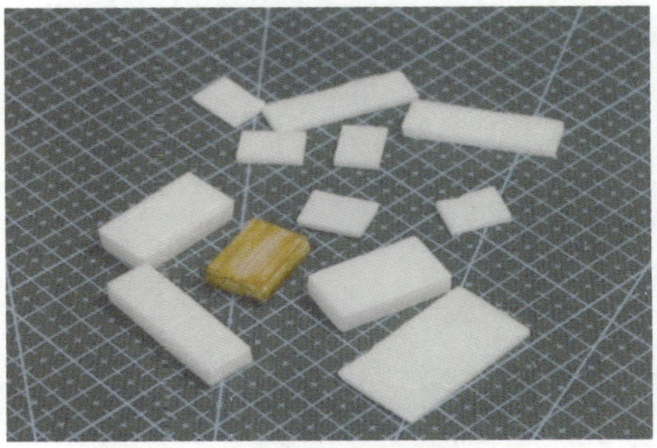

图 4-134　切割和上色完的板块

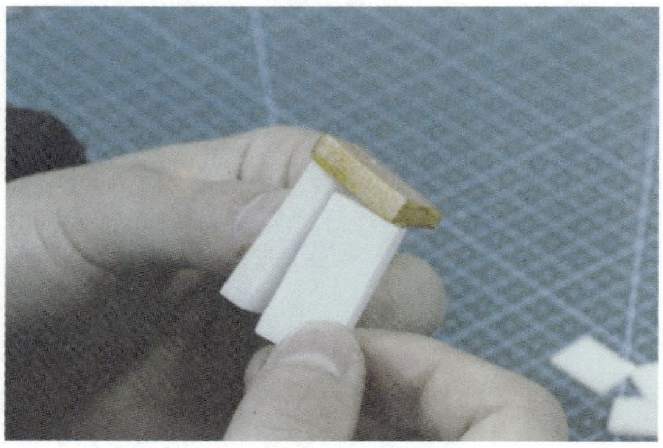

图4-135 用酒精胶拼贴

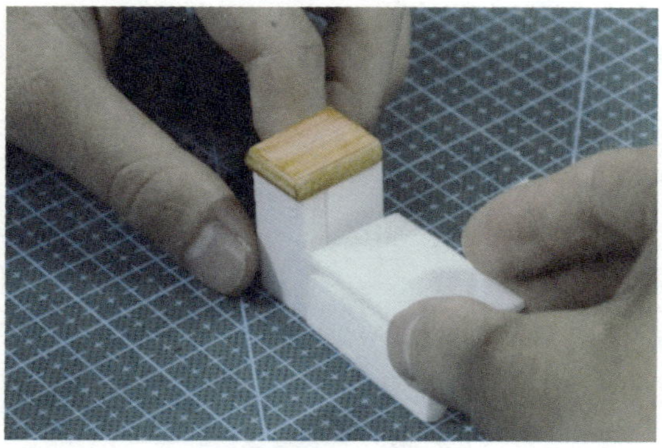

图4-136 贴上坐垫面板

图4-137 鞋柜拼贴完成

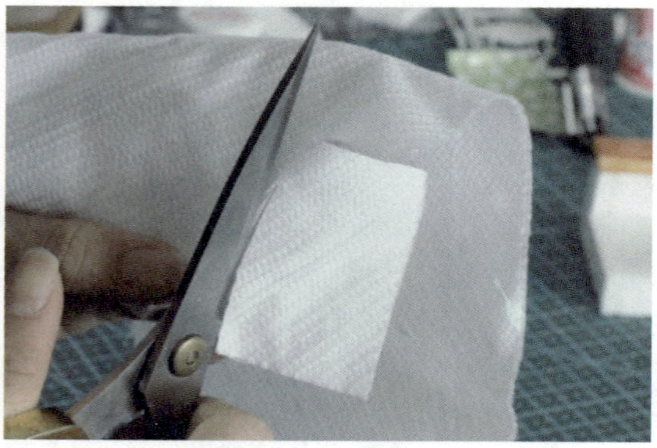

图4-138 剪出坐垫所需大小的布块

图4-139 剪好的棉花和碎布块

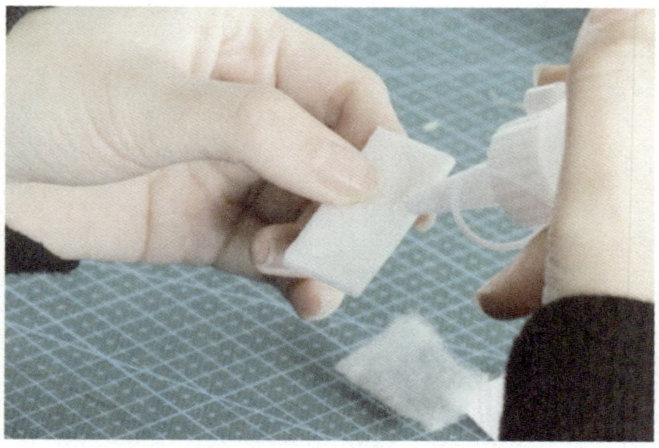

图4-140 在底板涂上酒精胶

图4-141 与棉花对齐贴上

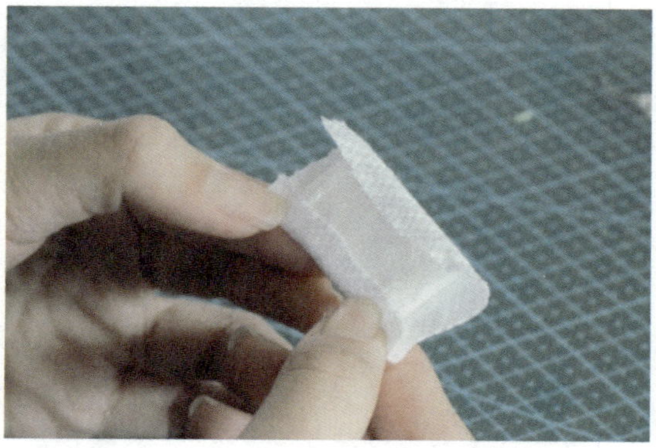

图4-142 将两边翻折粘贴

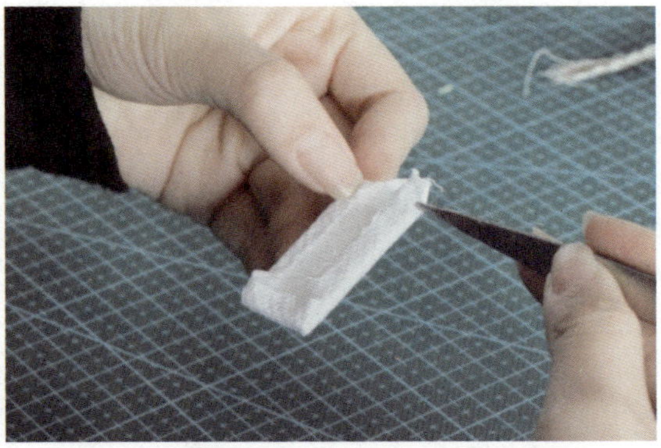

图 4-143　用镊子将边角处翻折粘牢

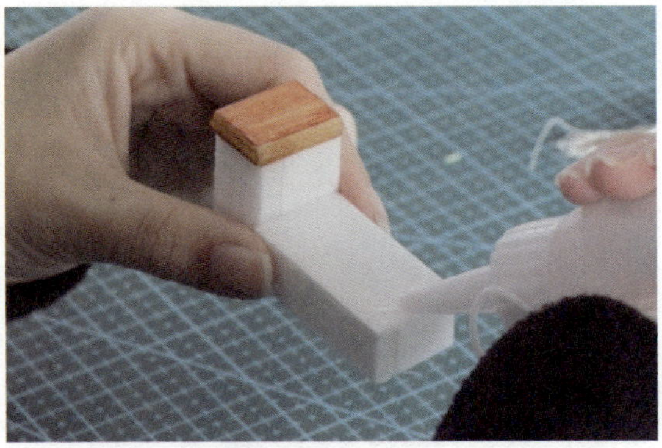

图 4-144　坐垫底板涂上酒精胶后粘贴上坐垫

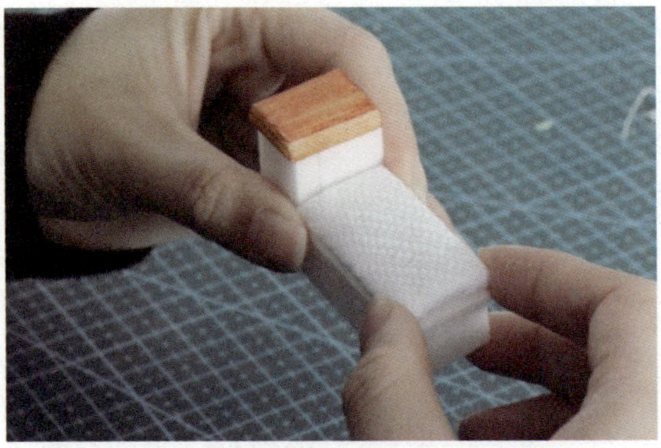

图 4-145　鞋柜最终效果

7. 矮柜的制作（图 4-146 ~图 4-159）

以 KT 板
为主材制作
矮柜模型

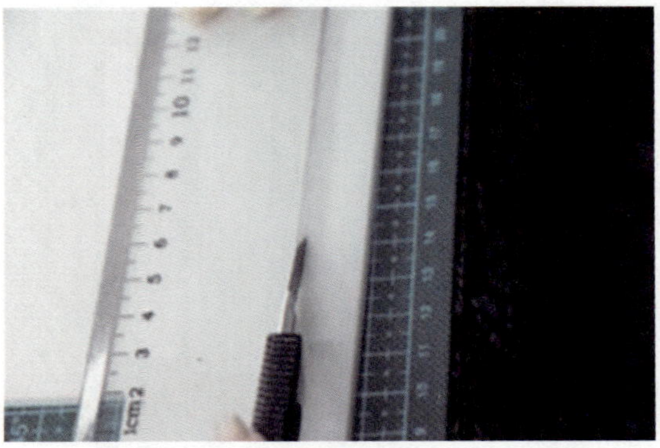

图 4-146　切割出相应尺寸的板

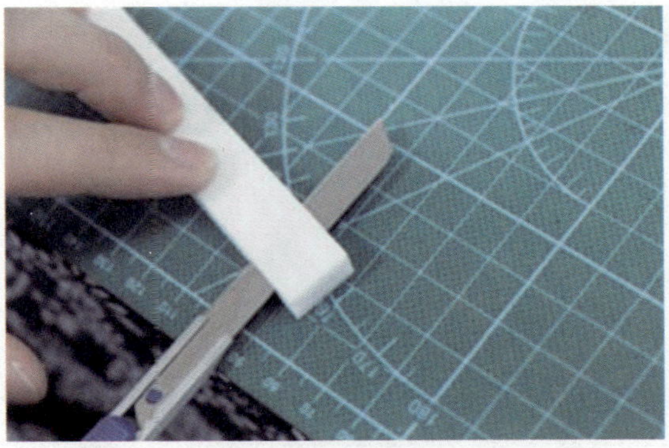

图 4-147　将已经切割出相应尺寸的 KT 板对半切开

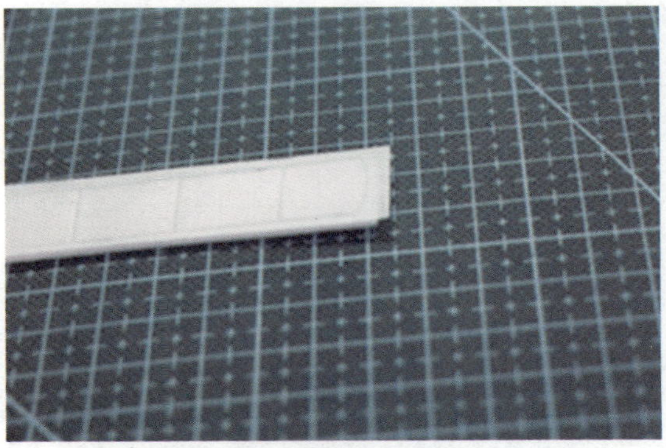

图 4-148　用空芯油性笔画出柜门纹理

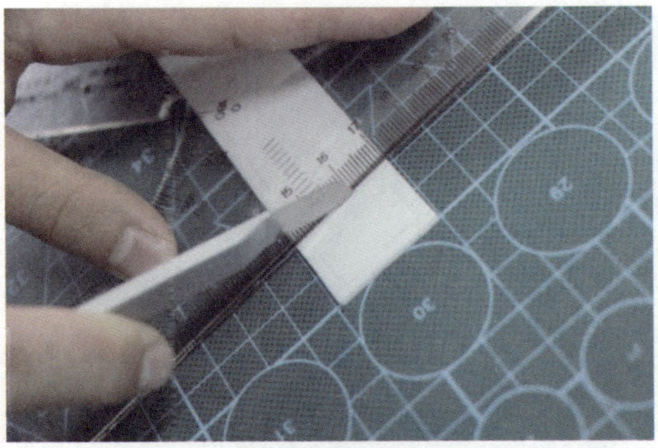

图 4-149　沿着纹理切割出柜门

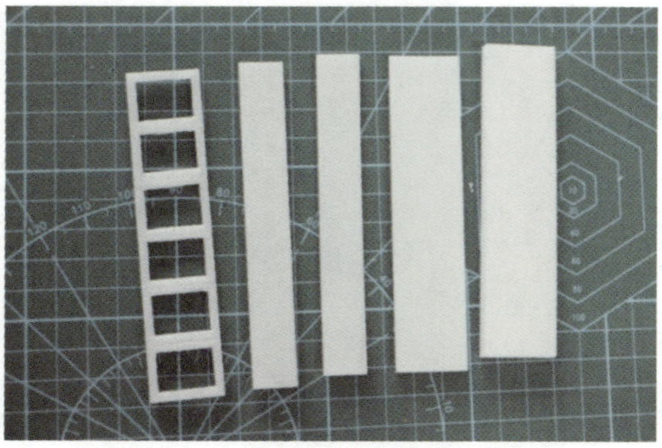

图 4-150　切割完成的板块

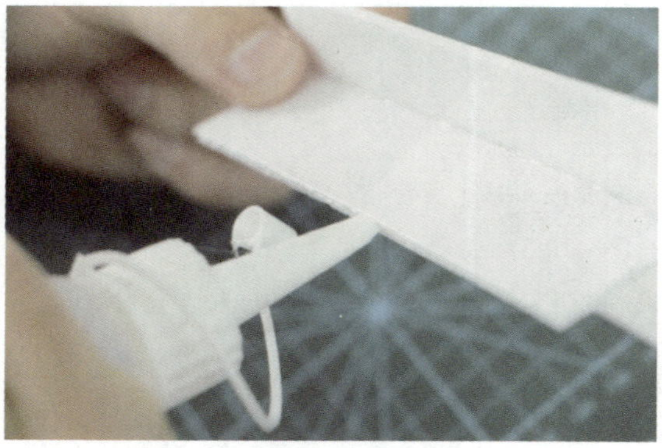

图 4-151　涂上酒精胶

图 4-152　调整位置保持垂直

图 4-153　用马克笔连续涂两遍，让颜色更深一些

图 4-154　边缘涂一遍

图 4-155　涂完后与柜体粘接

图 4-156　剪出与柜门相同大小的亚克力板

图 4-157　柜门背面涂上酒精胶

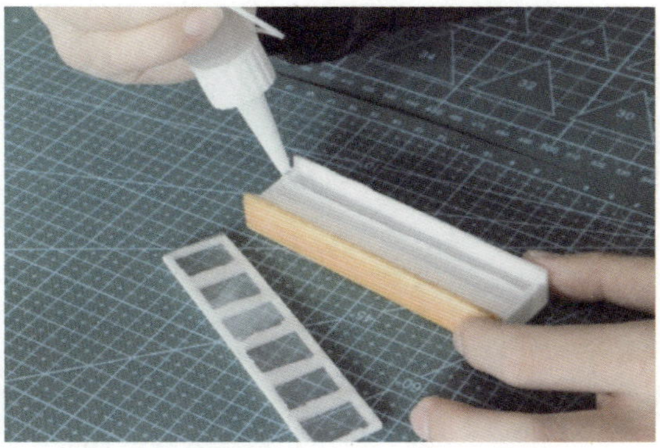

图 4-158　柜体涂上酒精胶

图 4-159　矮柜最终效果

8. 餐椅的制作（图 4-160 ～图 4-171）

图 4-160　按图纸比例切割出椅脚

图 4-161　切割出椅座和椅背

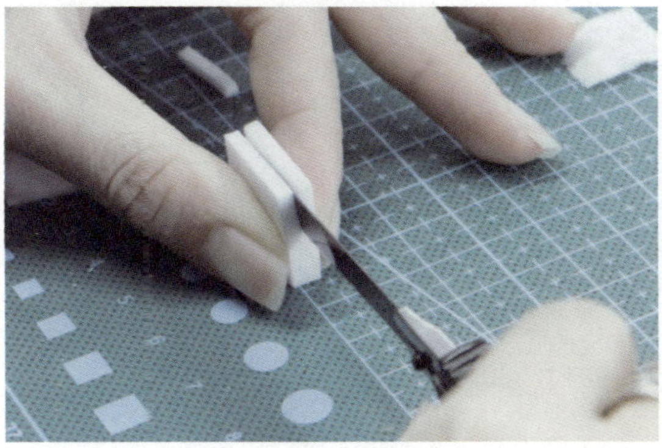

图 4-162　对半切开

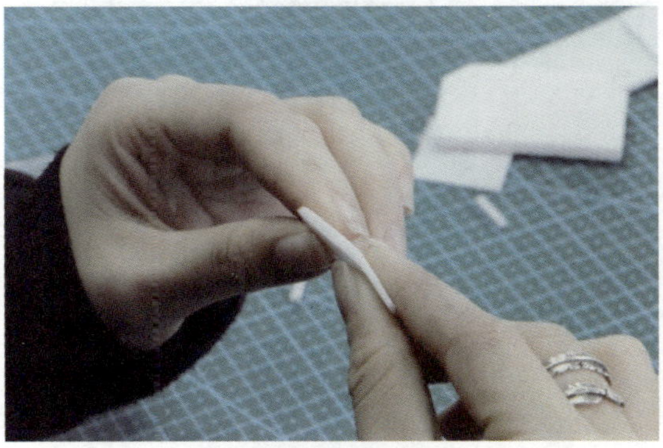

图 4-163　切割完成

图 4-164　涂上酒精胶

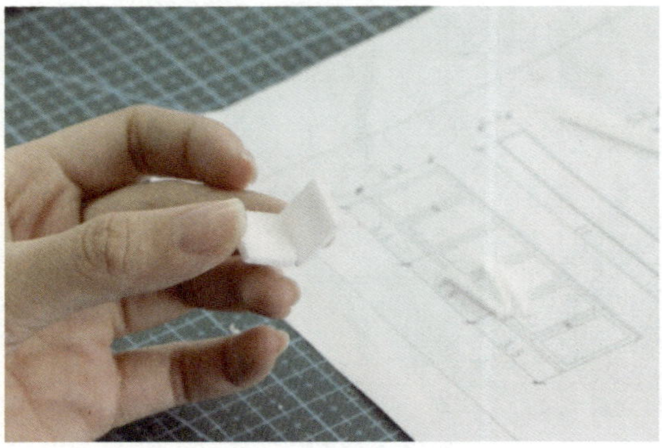

图 4-165　粘贴椅座和椅背

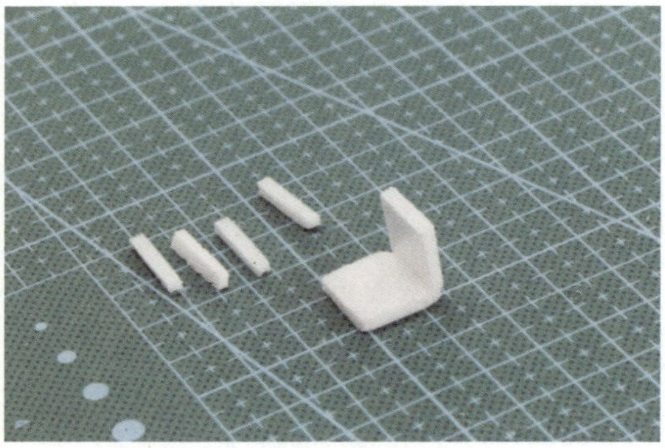

图 4-166　椅脚和椅座、椅背

图 4-167　涂上酒精胶后用镊子将椅脚粘上

图 4-168　拼接完成

图 4-169　椅座和椅背粘上布块

图 4-170　剪去多余部分

图 4-171　餐椅最终效果

9. 餐桌的制作（图 4-172 ～图 4-181）

以 KT 板
为主材制作
餐桌模型

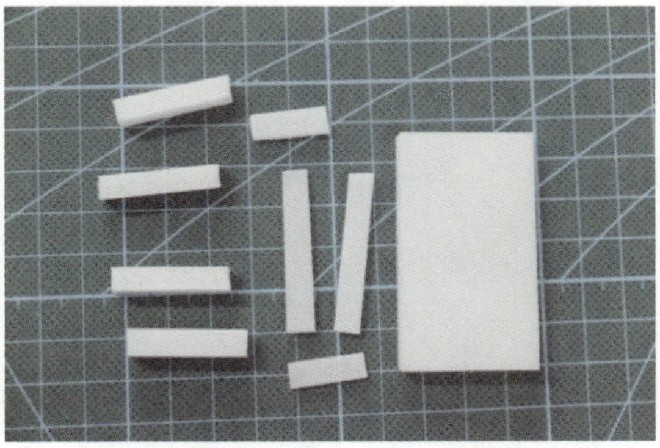

图 4-172 切割出相应尺寸的餐桌板块

图 4-173 切割出带弧度的桌边

图 4-174 倾斜切除桌面边角

图 4-175 切完后效果

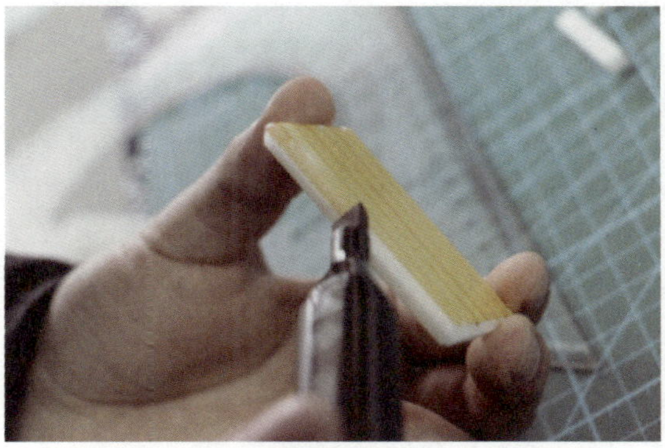

图 4-176 用接近棕色木纹的马克笔涂上颜色

图 4-177 上色后效果

图 4-178 桌脚涂上酒精胶

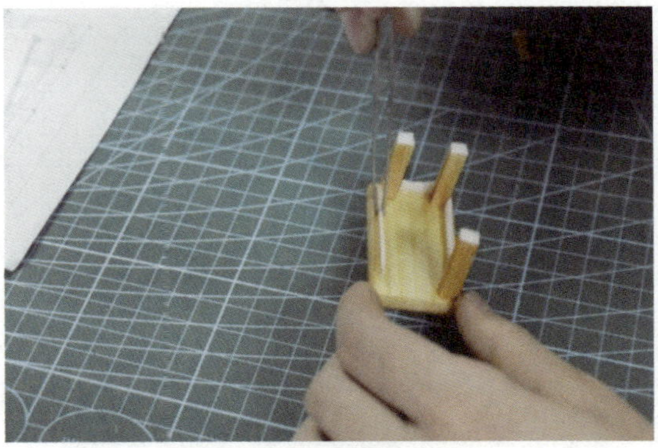

图 4-179 用镊子粘接

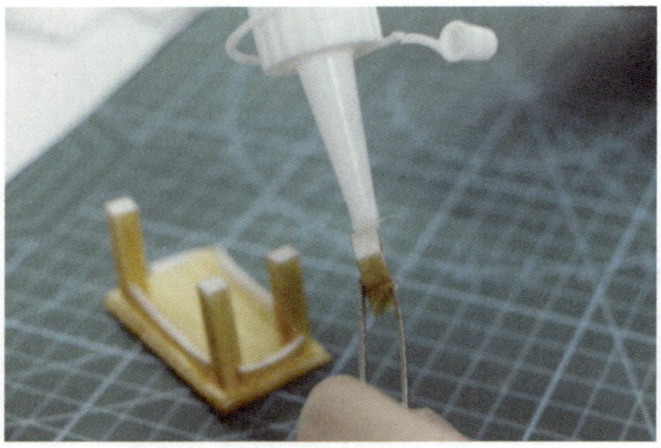

图 4-180　继续粘贴桌脚

图 4-181　餐桌最终效果

10. 厨房吊柜的制作（图 4-182 ～图 4-191）

以 KT 板
为主材制作
厨房吊柜模型

图 4-182　对半切开厨房吊柜的板块

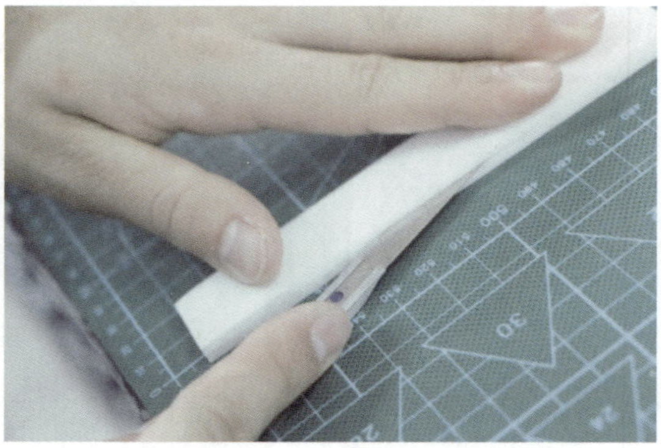

图 4-183　切到尾部将手指放置于板块上方

图 4-184　画出柜门纹理

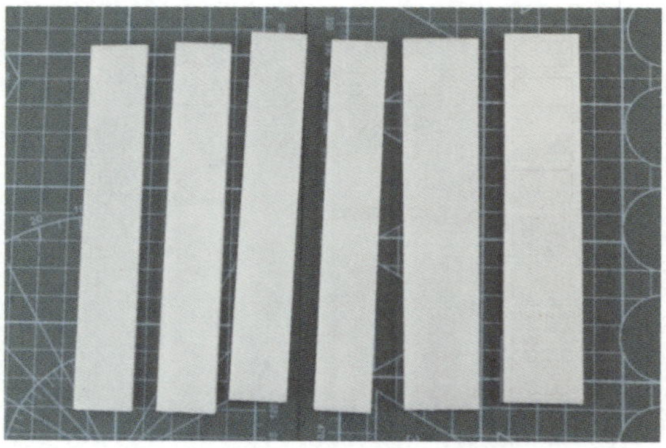

图 4-185　切割完成的吊柜板块

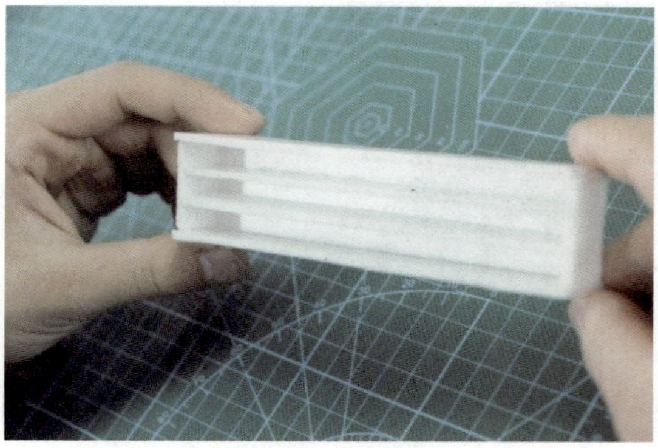

图 4-186　用酒精胶拼贴

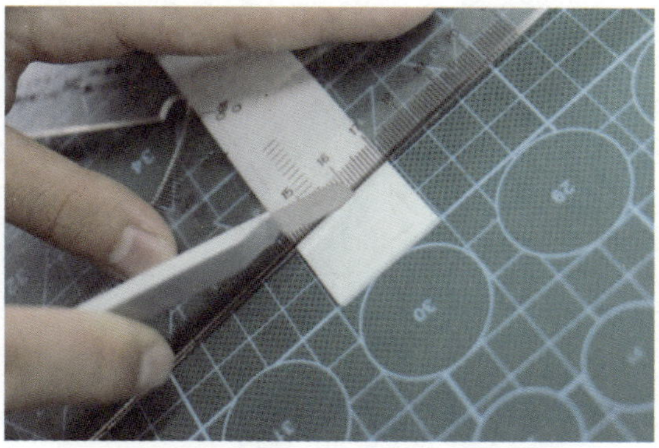

图 4-187 切割出柜门

图 4-188 剪出相应大小的亚克力板

图 4-189 涂上酒精胶

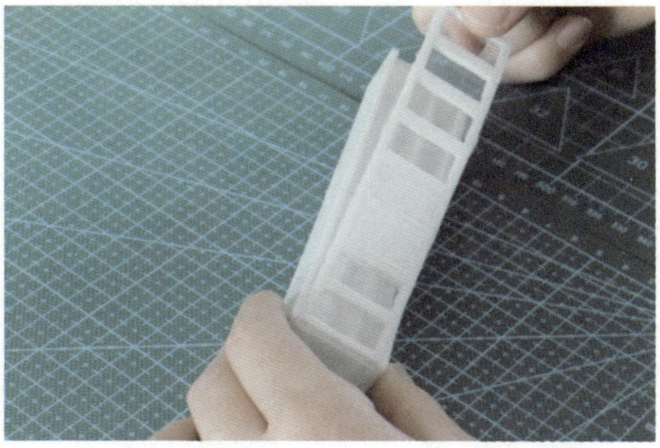

图 4-190 贴上柜门

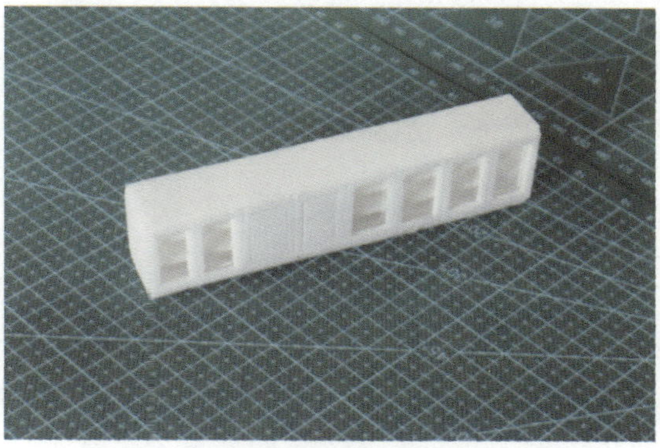

图 4-191 厨房吊柜最终效果

11. 灶台橱柜的制作（图 4-192 ～图 4-205）

以 KT 板
为主材制作
灶台橱柜模型

图 4-192 在 KT 板上画出 L 形灶台

图 4-193 用美工刀沿着线切割

图 4-194 切割完成的灶台

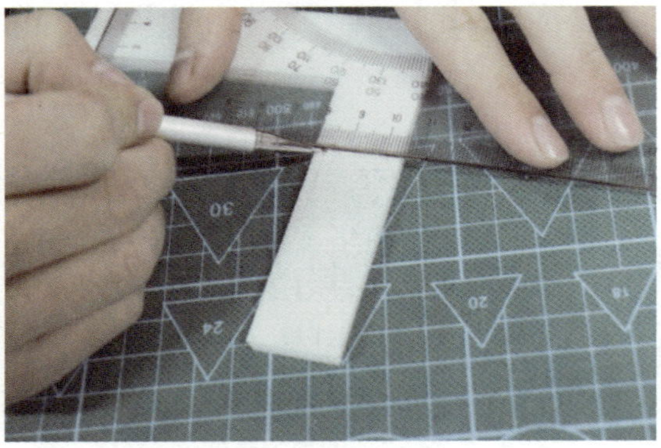
图 4-195 画出水槽部分

图 4-196 切割完成的水槽

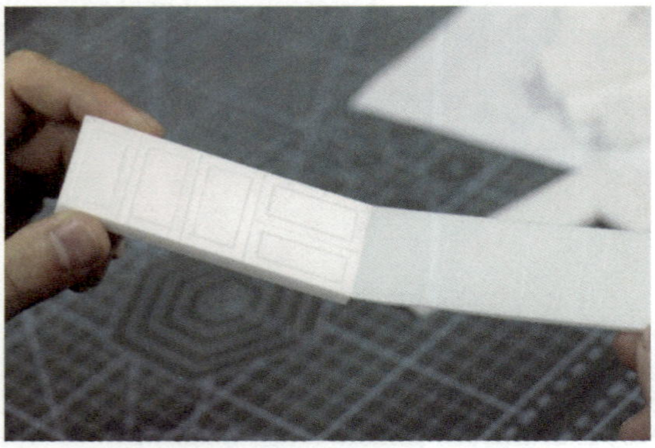
图 4-197 用空芯油性笔画出橱柜门纹理

图 4-198 灶台橱柜半成品

图 4-199 对半切割出水槽

图 4-200 背面轻轻割一刀用于翻折

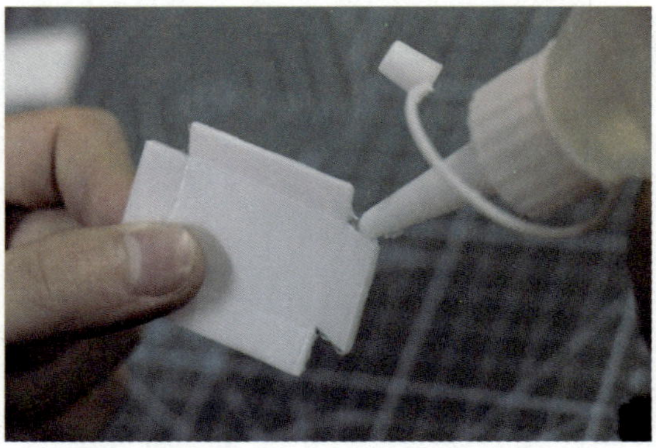
图 4-201 涂上酒精胶

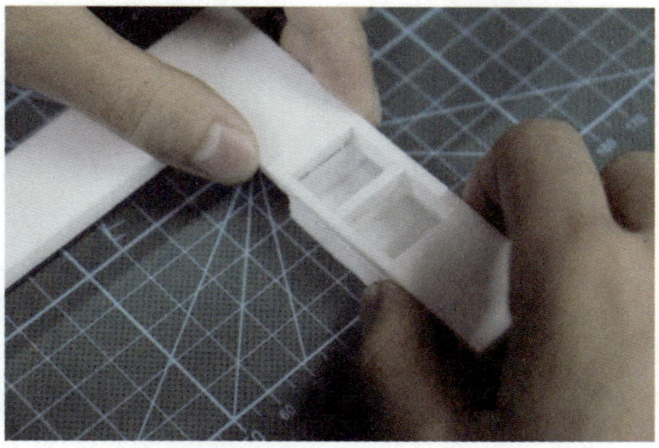

图 4-202　与灶台粘接

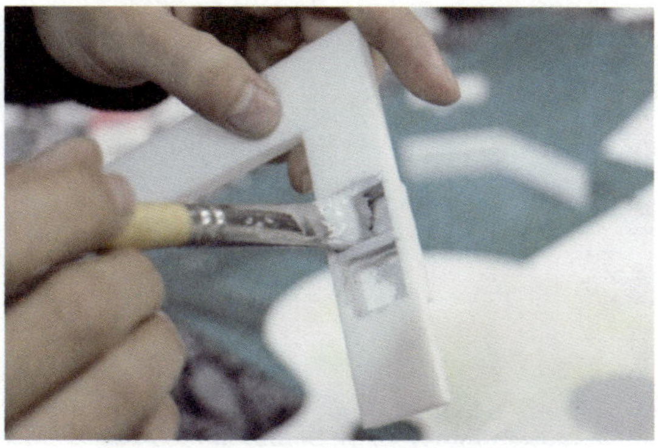

图 4-203　涂上浅灰色丙烯颜料

图 4-204　水槽上色后效果

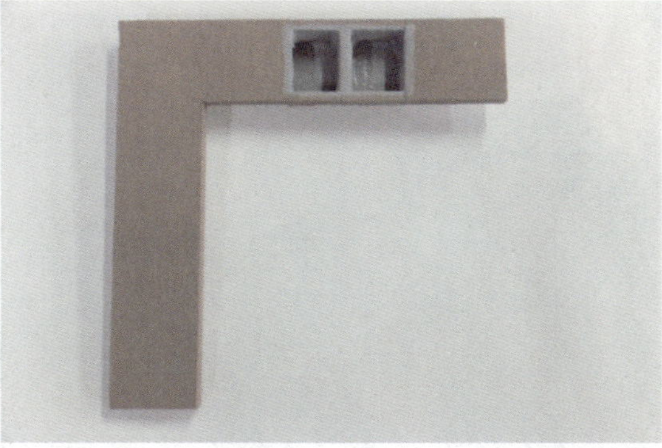

图 4-205　灶台上色后最终效果

12. 卧室床的制作（图 4-206 ～图 4-249）

以 KT 板
为主材制作
卧室床模型

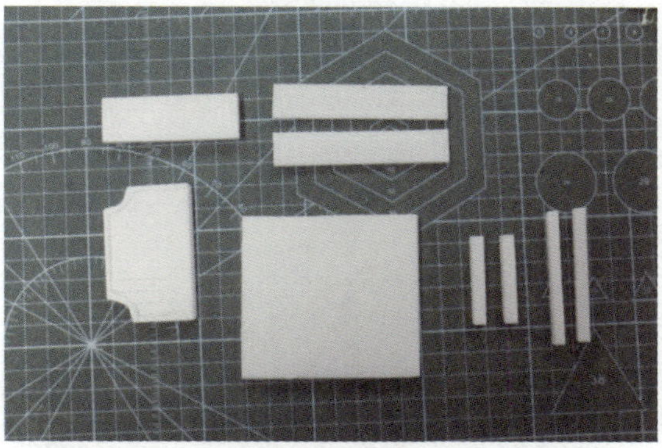

图 4-206　按尺寸切割出床体所需板块

图 4-207　用酒精胶进行粘接

图 4-208　双手按住两边进行固定

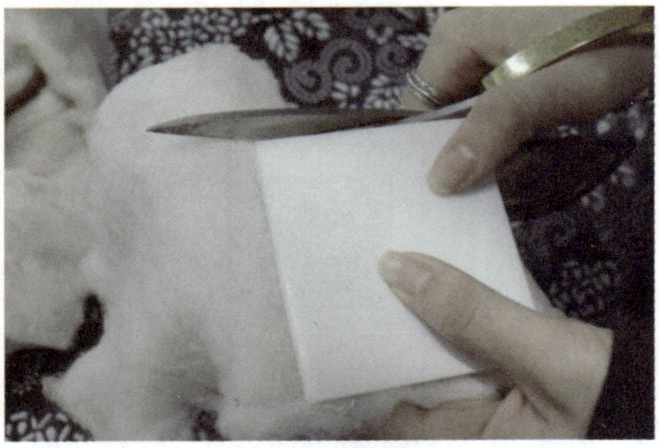

图 4-209　剪出与床板相应大小的棉花垫

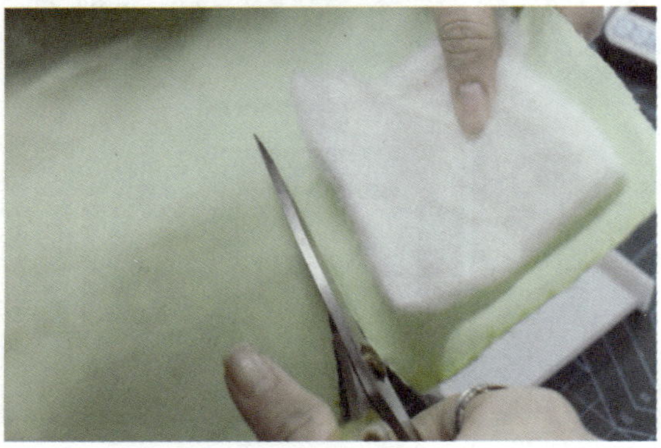

图 4-210　剪出相应大小的布块

图 4-211　在床板上涂酒精胶

图 4-212　将布块一边粘住

图 4-213　将布块翻折

图 4-214　布块翻折后的效果

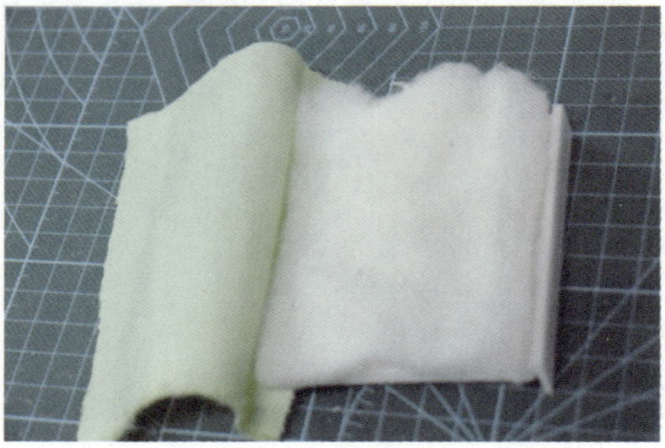

图 4-215　在床板上铺上棉花垫

图 4-216　翻折另一边

图 4-217　将棉花垫与翻折处相接

图 4-218　在床板上涂酒精胶

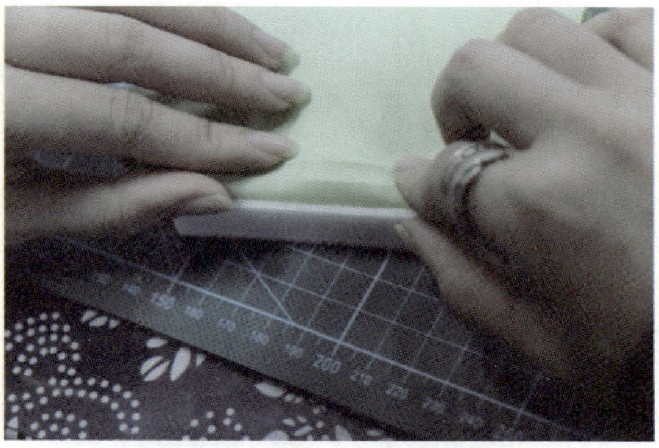

图 4-219　涂完后平整粘贴

图 4-220　两边粘完后的效果

图 4-221　另外两边底部涂上酒精胶

图 4-222　将床单翻折

图 4-223　平整粘贴边缘

图 4-224　用手指按住固定片刻

图 4-225 床体粘完后的效果

图 4-229 用竹签将被套里外两面对调，使针线缝合处在里面

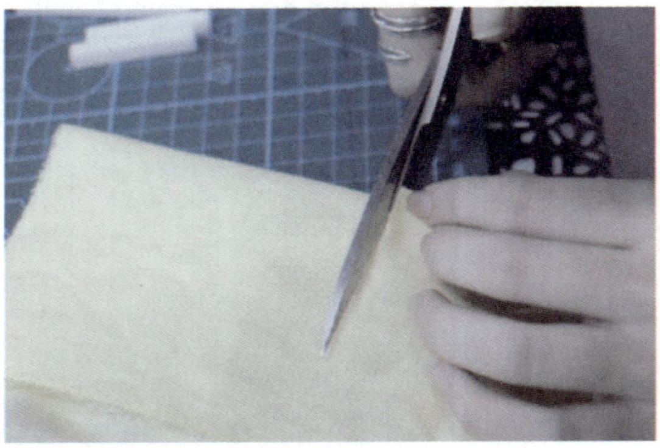

图 4-226 剪一小块碎布准备制作被套

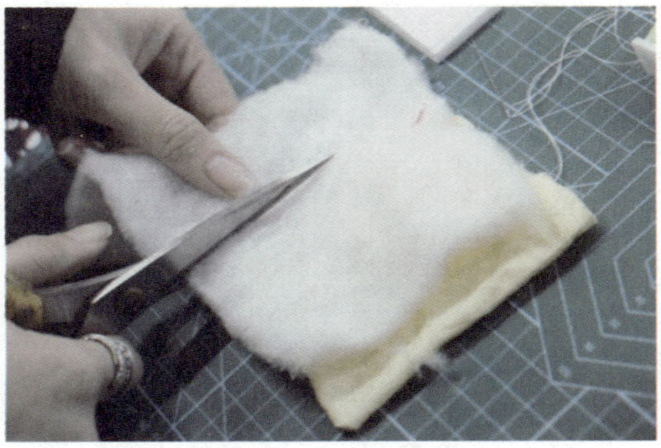

图 4-230 剪好适量的棉花

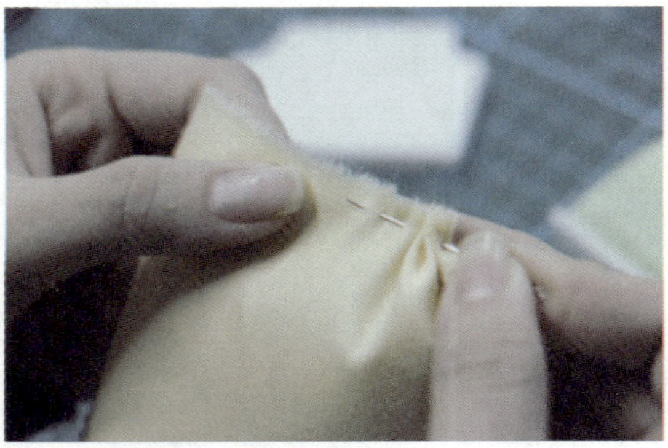

图 4-227 边缘用针线缝合

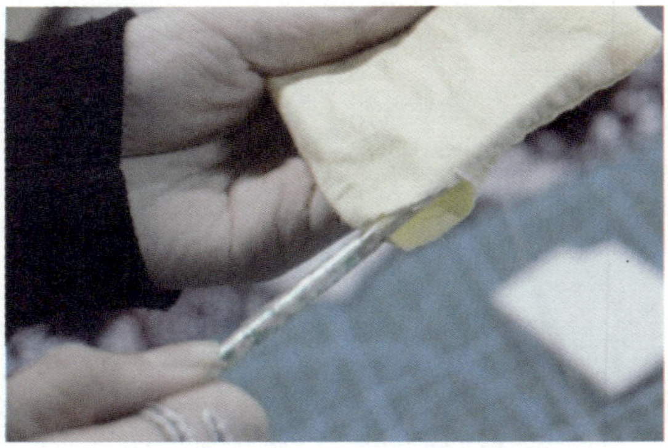

图 4-231 用竹签将棉花塞入被套

图 4-228 缝完后留一小口用于塞棉花

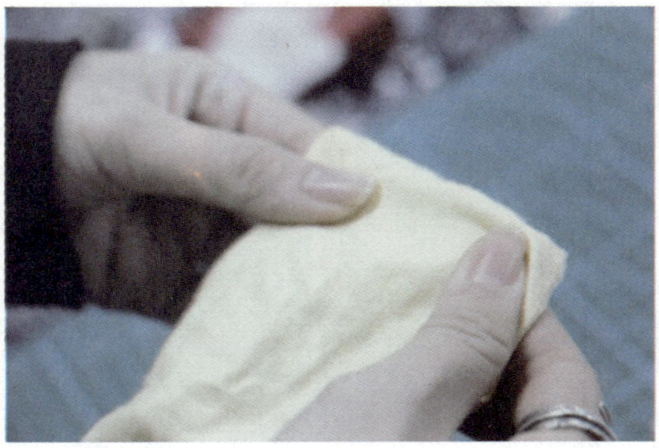

图 4-232 塞完一半后调整均匀

图 4-233 继续塞棉花

图 4-234 将小口处按压整齐

图 4-235 用针线缝合小口

图 4-236 选择缝合小口的一边涂上酒精胶

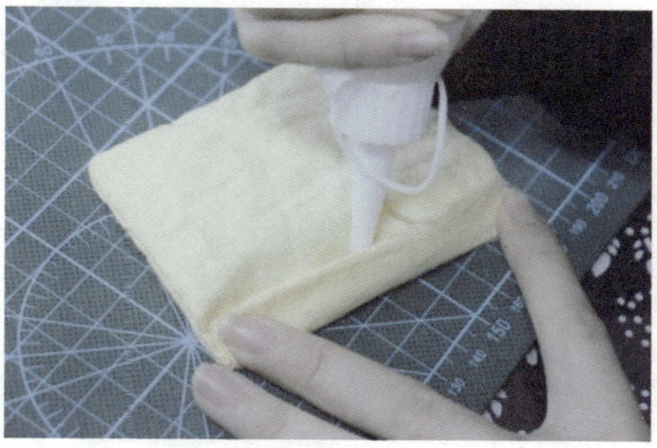

图 4-237 翻折后粘贴

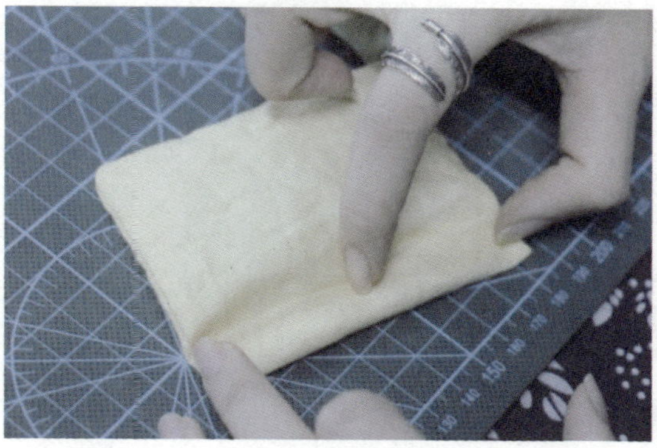

图 4-238 用手指轻按直到完全粘住

图 4-239 粘上床靠板

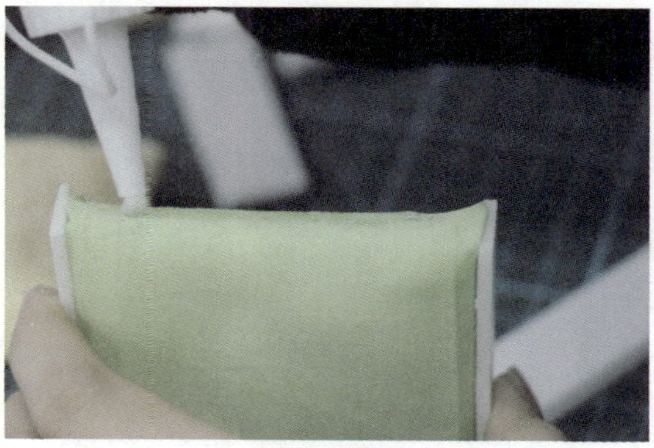

图 4-240 床边缘两边涂上酒精胶

图 4-241　粘上床护板

图 4-242　在床单上涂酒精胶

图 4-243　涂好后的效果

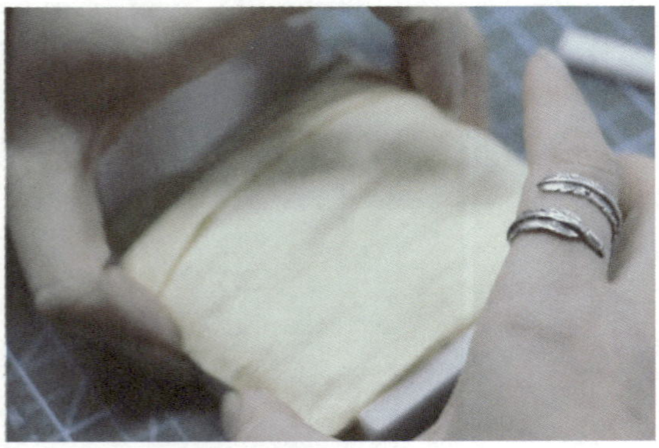

图 4-244　铺上被子

图 4-245　边缘处用手轻按片刻

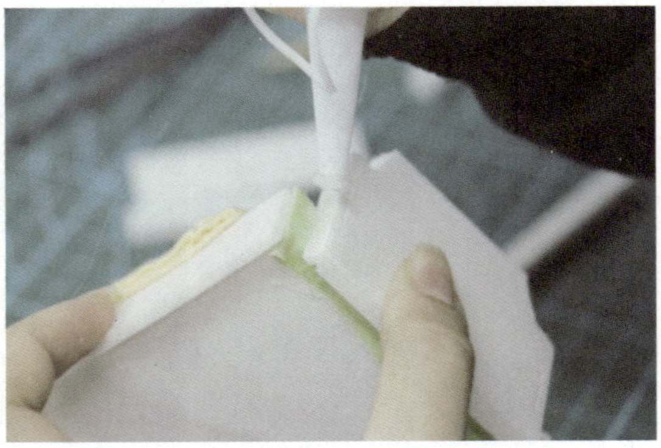

图 4-246　床靠板两边涂上酒精胶

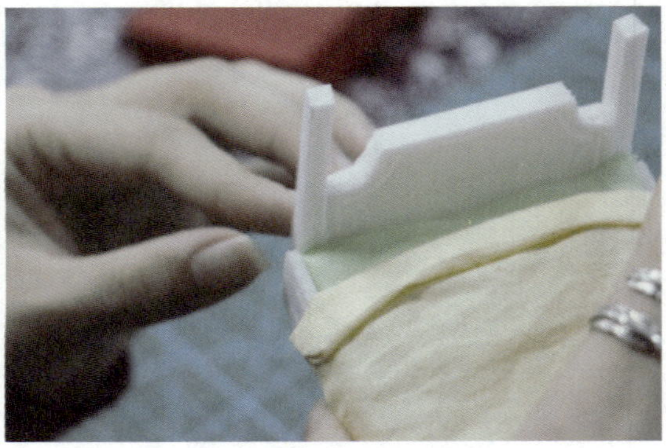

图 4-247　贴上立柱

图 4-248　床的最终效果

图 4-249　用同样的方法制作另一张床

13. 靠枕的制作（图 4-250 ～图 4-259）

以 KT 板
为主材制作
靠枕模型

图 4-250　剪好靠枕所需布块

图 4-251　将两布块边缘对接后翻折

图 4-252　翻折后展开

图 4-253　在折痕边缘涂上酒精胶

图 4-254　沿着涂酒精胶的边缘对折

图 4-255　用镊子将边缘更好地对折

图 4-256 用手捏住另一侧

图 4-257 用镊子往里面塞棉花

图 4-258 涂上酒精胶封口，用镊子夹住固定片刻

图 4-259 靠枕的最终效果

14. 书架榻榻米的制作（图 4-260 ～图 4-279）

以 KT 板
为主材制作
书架榻榻米模型

图 4-260 切割出书架边框

图 4-261 切割出翻折处

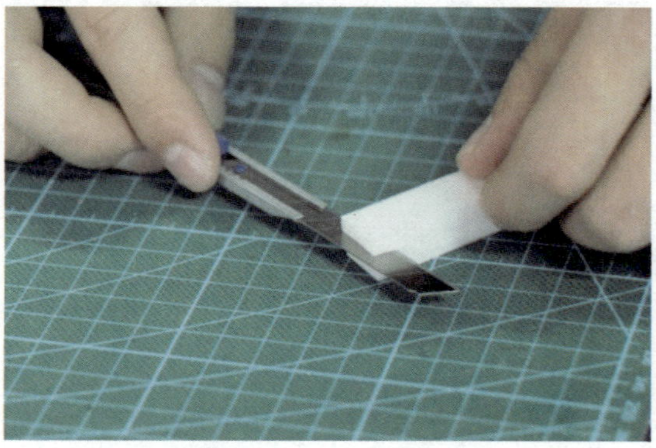

图 4-262 将中间一小块切掉

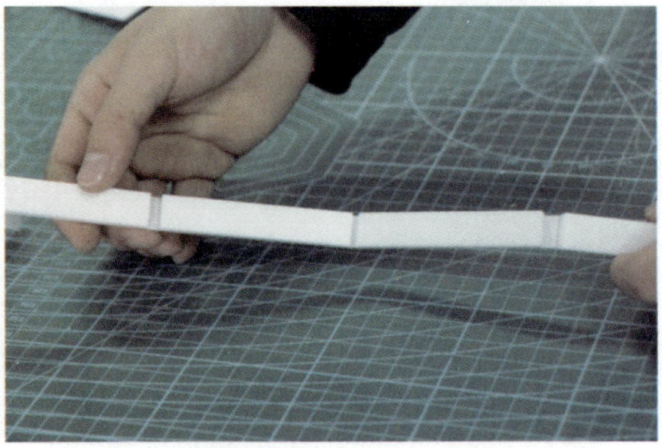

图 4-263　切割完成

图 4-267　用空芯油性笔画出书架柜门纹理

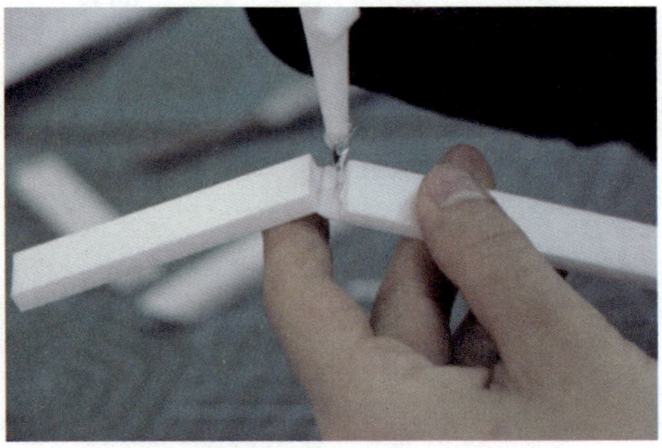

图 4-264　翻折处涂上酒精胶

图 4-268　贴上柜门

图 4-265　与书架底板拼贴

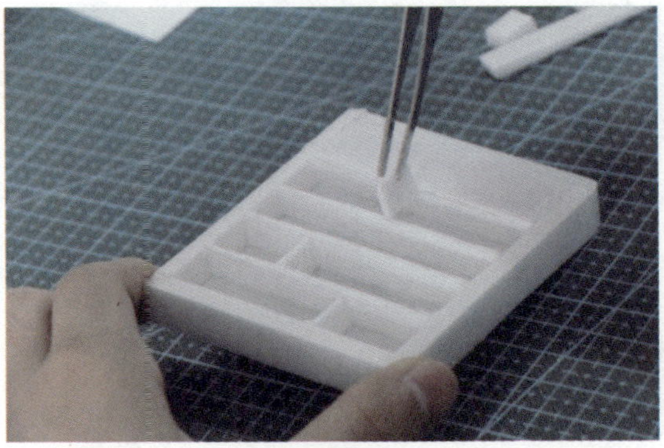

图 4-269　用镊子贴上中间隔板

图 4-266　贴上书架隔板

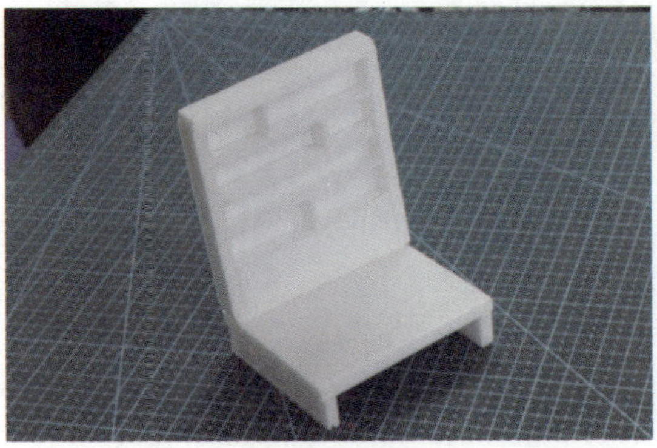

图 4-270　书架与榻榻米结合效果

图 4-271 切割出榻榻米坐垫底板

图 4-272 对半切开时将手指全按在板面上

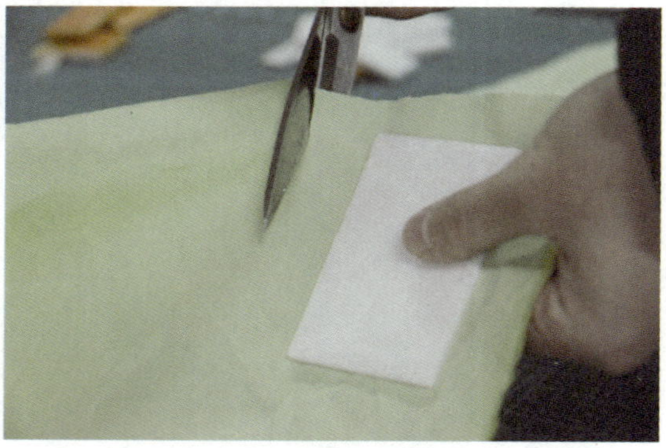

图 4-273 剪出坐垫对应大小的布块

图 4-274 将底板与棉花、布块平整对齐

图 4-275 在底板上涂酒精胶

图 4-276 将边缘翻折后粘牢

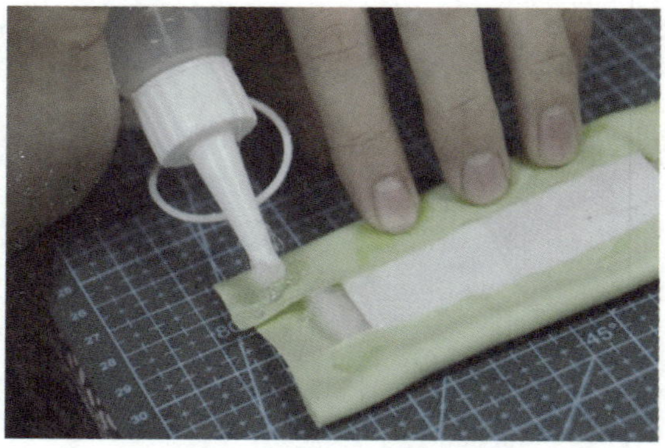

图 4-277 边角处多涂一些酒精胶

图 4-278 用手指按住片刻待粘牢后松开

图 4-279 书架榻榻米最终效果

15. 书桌的制作（图 4-280 ~图 4-287）

以 KT 板
为主材制作
书桌模型

图 4-280 剪出与书桌相应大小的布块

图 4-281 在桌面上涂酒精胶

图 4-282 将布块贴在桌面上

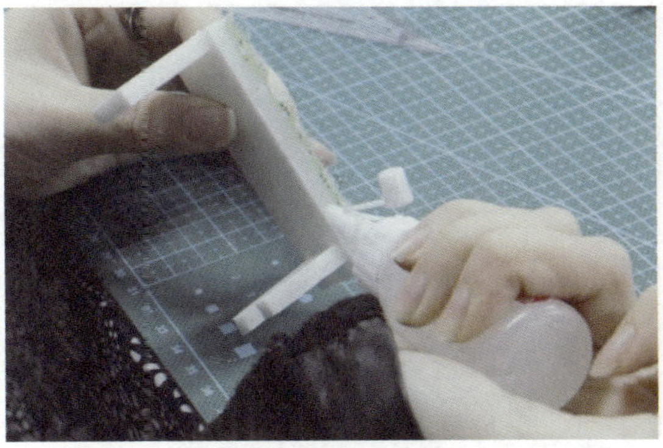

图 4-283 桌面边缘涂上酒精胶

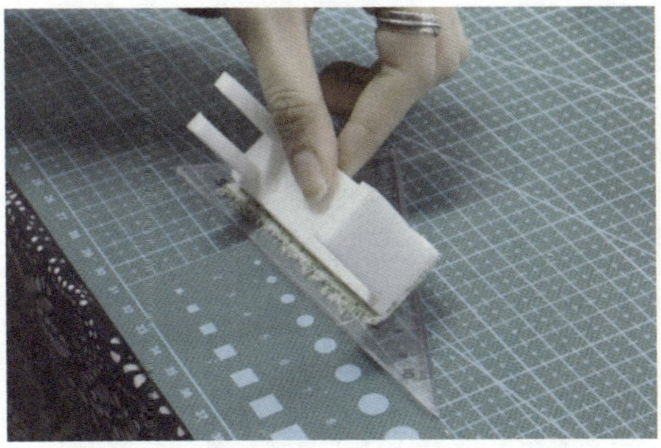

图 4-284 将边缘按在桌面上达到平整的效果

图 4-285 粘贴完的效果

图 4-286 剪好与桌面相同大小的亚克力板并贴上

图 4-287 书桌的最终效果

16. 洗手池的制作（图 4-288 ~图 4-299）

图 4-288 将 KT 板对半切开

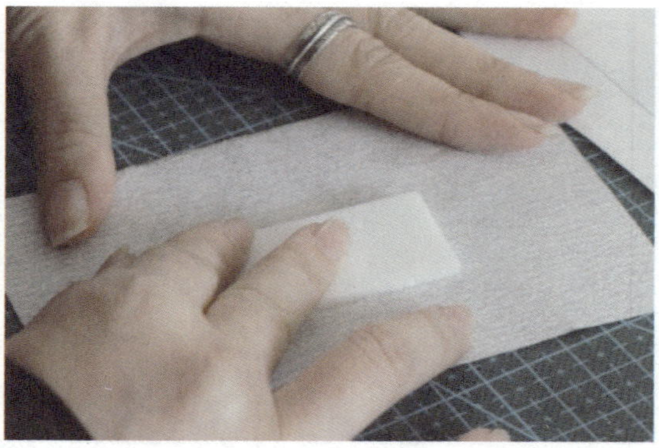

图 4-289 用磨砂纸打磨平整

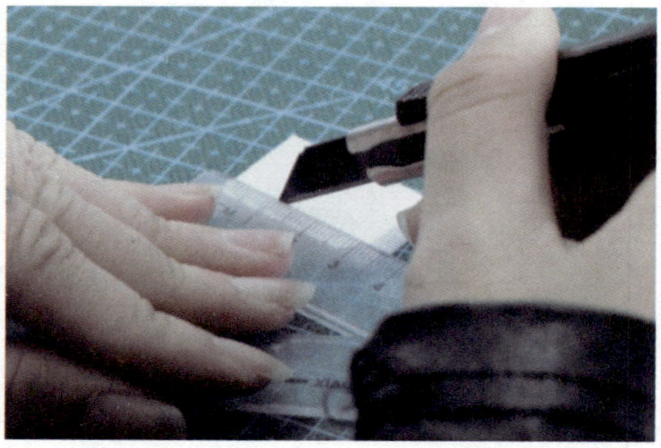

图 4-290 切割出水槽部分

图 4-291 切割完用手指掏出

图 4-292 掏完后效果

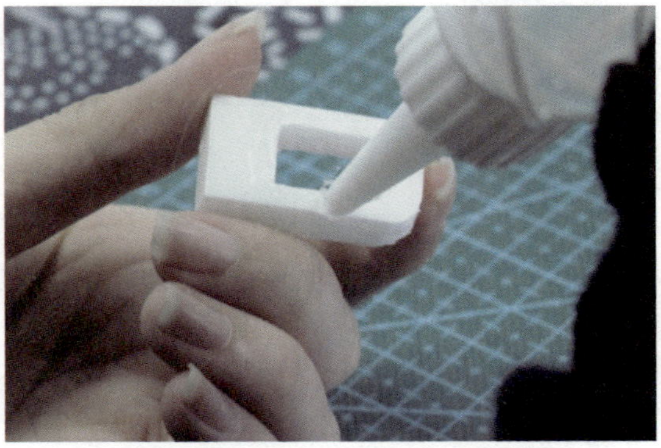

图 4-293　底面涂上酒精胶

图 4-294　贴上底板

图 4-295　准备大头针用钳子掰弯

图 4-296　洗手池水龙头效果

图 4-297　剪出洗手池边缘贴纸

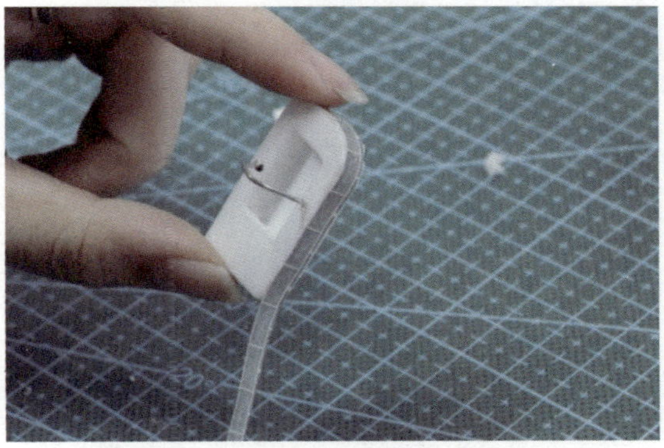

图 4-298　沿着边缘贴一圈

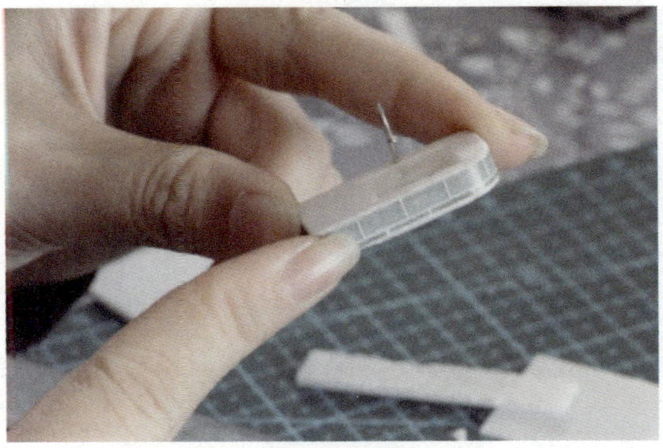

图 4-299　洗手池最终效果

17. 衣柜的制作（图 4-300 ~图 4-311）

以 KT 板
为主材制作
衣柜模型

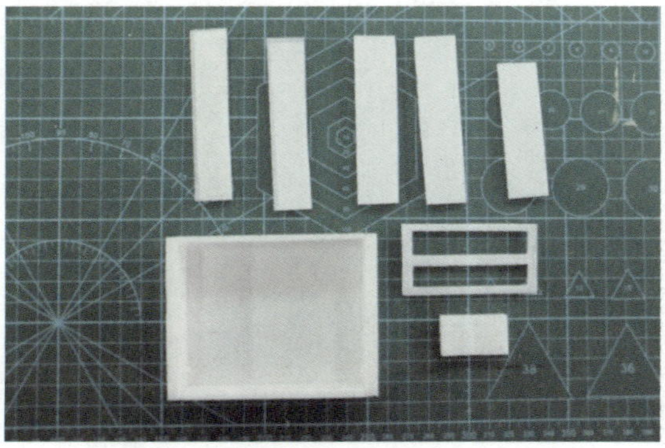

图 4-300 切割好衣柜所需板块

图 4-301 柜门板涂上酒精胶

图 4-302 贴上柜门

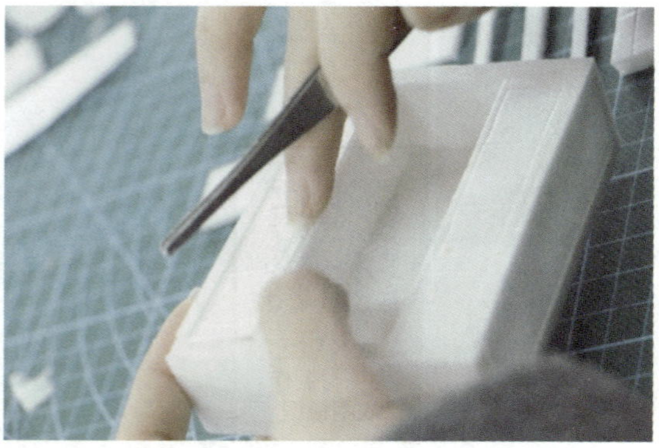

图 4-303 检查边缘是否平整

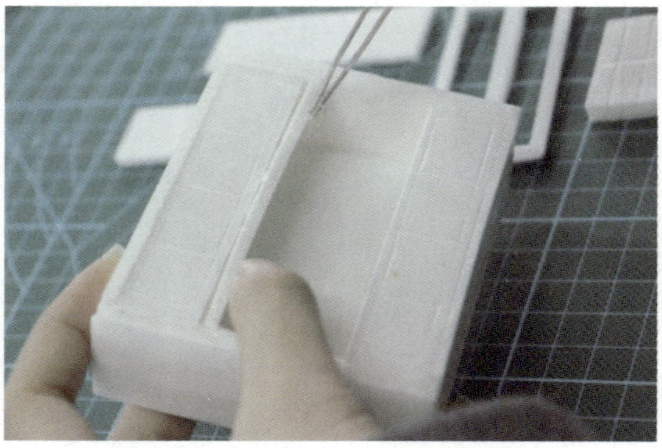

图 4-304 用镊子进行调整

图 4-305 调整完成

图 4-306 柜门拼贴完成

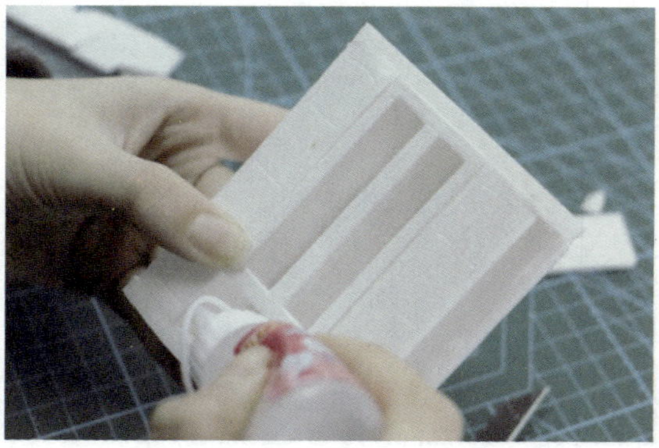

图 4-307 抽屉处涂上酒精胶

图 4-308 贴上抽屉面板

图 4-309 用镊子贴上把手

图 4-310 衣柜最终效果

图 4-311 用同样的方法制作出另一个衣柜

18．在室内模型中摆放做好的家具电器等（图 4-312 ~图 4-350）

在室内模型中摆放做好的家具电器等

图 4-312 准备好所有家具进行摆放

图 4-313 客厅、餐厅的家具

图 4-314 主卧衣柜底面涂上酒精胶

图 4-315 用棉签均匀涂抹

图 4-316 将衣柜放入主卧

图 4-317 用手指按住牢固片刻后松开

图 4-318 床脚上涂酒精胶后放入主卧

图 4-319 放入床头柜

图 4-320 主卧最终效果

图 4-321 次卧衣柜底面涂上酒精胶

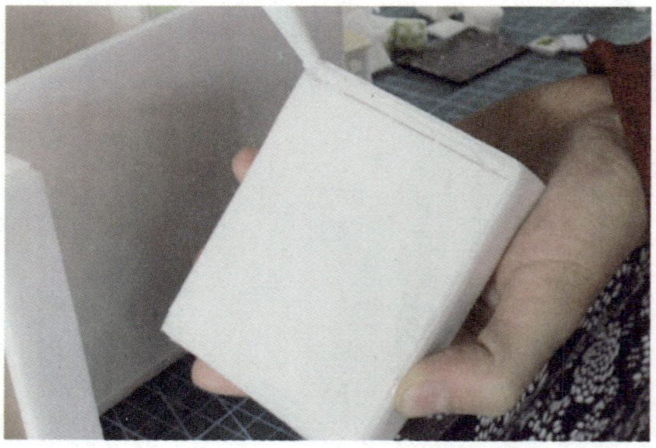

图 4-322 背面涂上酒精胶

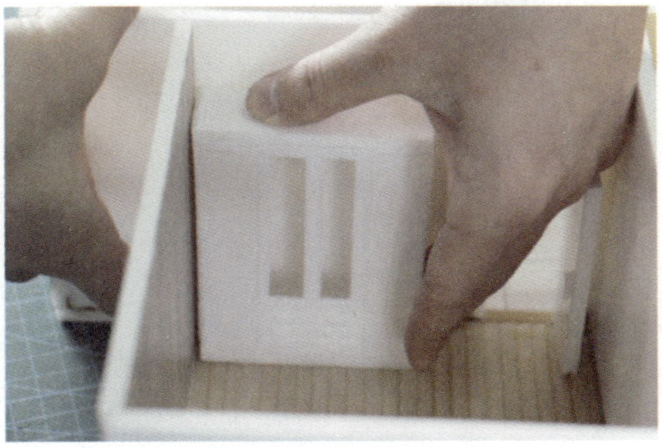

图 4-323　将衣柜放入次卧

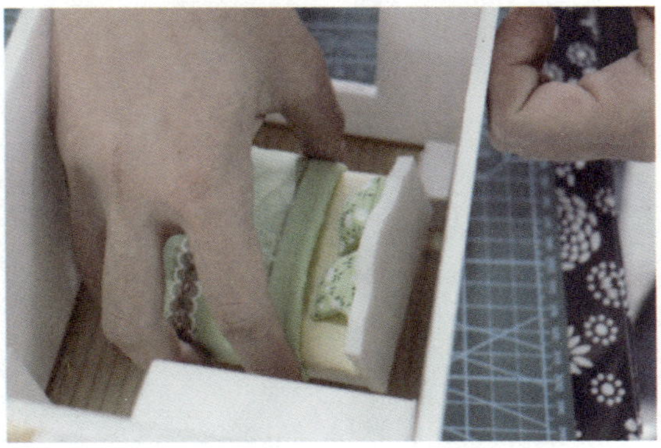

图 4-324　将床放入次卧

图 4-325　次卧最终效果

图 4-326　书架榻榻米底部涂上酒精胶

图 4-327　将书架榻榻米放入书房

图 4-328　放入书桌

图 4-329　在墙上贴隔板

图 4-330　贴完后的隔板

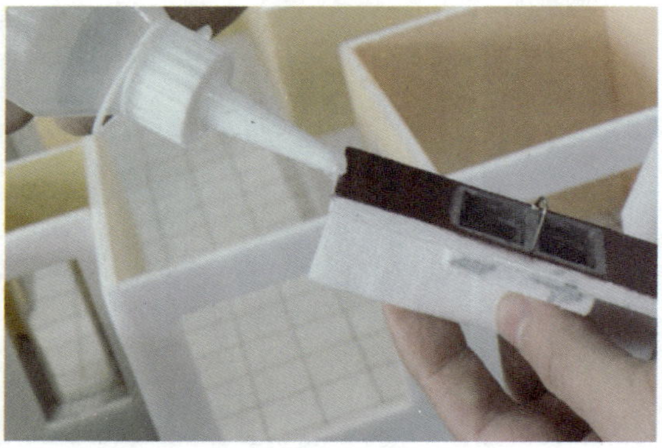

图 4-331 在灶台边上涂酒精胶

图 4-332 将灶台放入厨房

图 4-333 将冰箱放入厨房

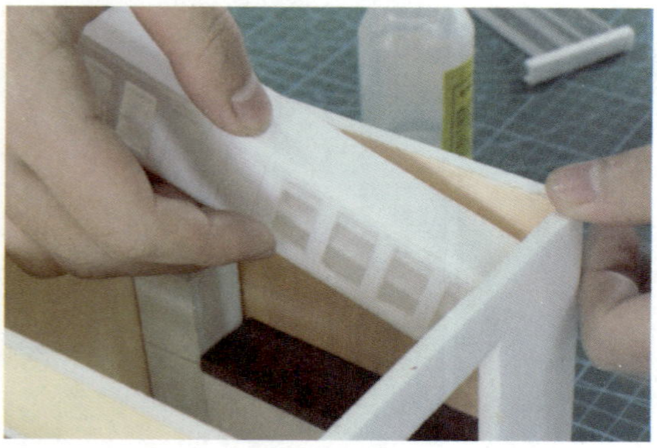

图 4-334 将吊柜放入厨房

图 4-335 平整放入并移到标准高度

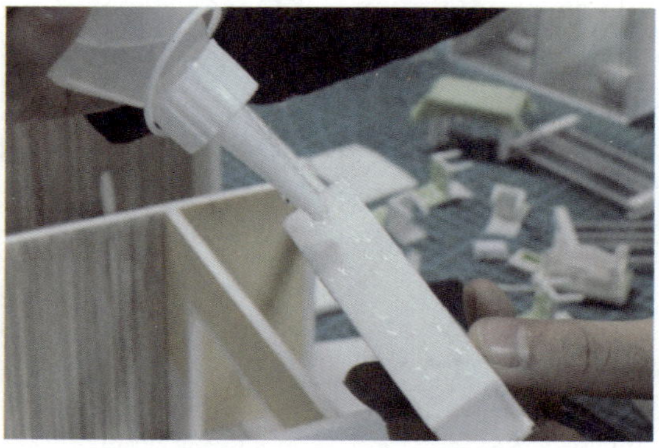

图 4-336 在电视柜底部涂上酒精胶

图 4-337 将电视柜放入客厅

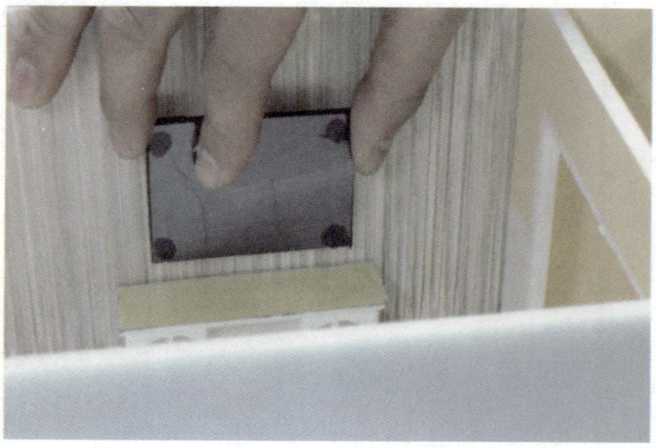

图 4-338 将电视放入客厅

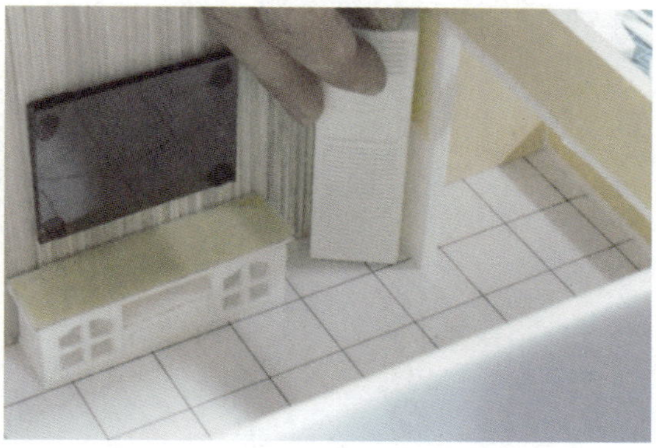

图 4-339　将空调放入客厅

图 4-340　将沙发、茶几放入客厅

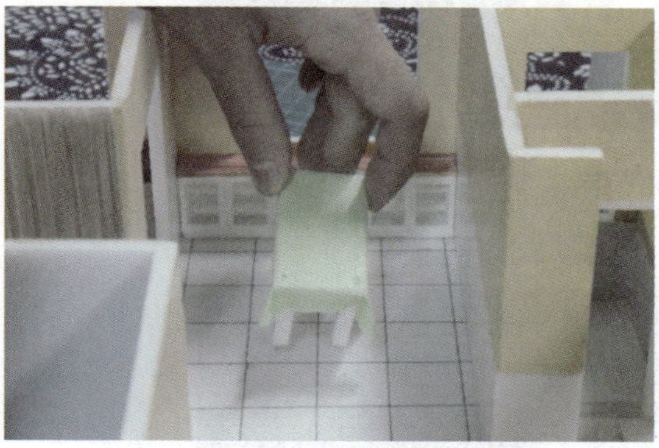

图 4-341　将餐桌放入餐厅

图 4-342　椅子较小用镊子夹入

图 4-343　餐厅放入餐桌、餐椅

图 4-344　用镊子贴上挂画

图 4-345　餐厅最终效果

图 4-346　窗户墙边边缘涂上酒精胶

图 4-347　安装窗户

图 4-348　窗户安装后的效果

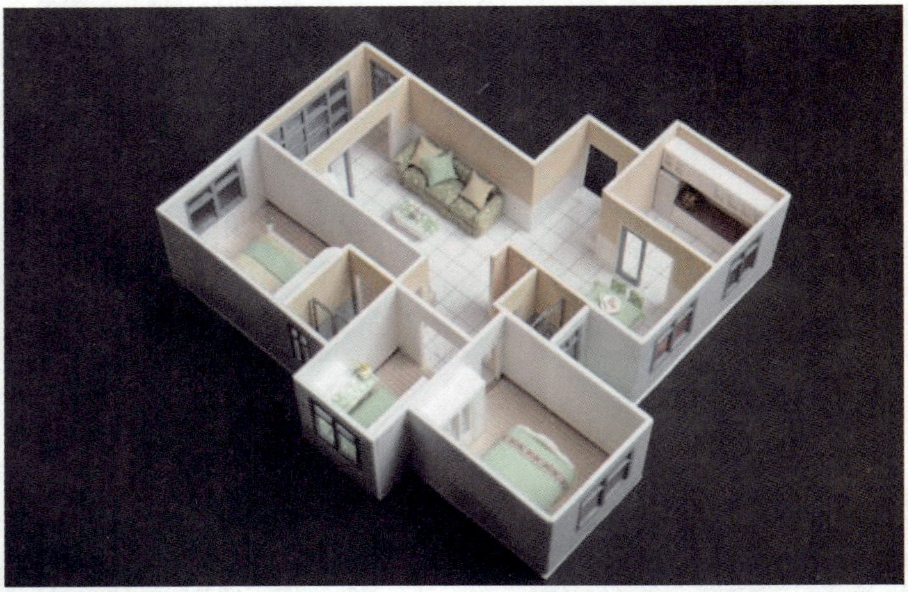

图 4-349　室内整体效果

图 4-350　以 KT 板为主材的室内模型制作　钟奶荣　指导教师：薛丽芳

项目 5　以综合材料为主材的室内模型装饰设计与制作实践

项目概述

本项目为实训方法与训练制作步骤分解，主要以综合材料为主材制作一个完整的模型，为后期就业实战应用打下坚实基础。

知识目标

- 掌握应用钩刀切割有机玻璃、亚克力板、ABS 塑料板等综合材料，制作模型墙体的技巧。
- 掌握亚克力板材的设计、放样下料、切割、打磨、粘接、拼合组装的操作技巧。
- 掌握以亚克力为主材，结合其他多种综合材料，制作不同风格的模型软装与色彩搭配技巧。

能力目标

- 能使用钩刀切割亚克力、ABS 塑料板等综合材料，制作模型地面、墙体、门窗等。
- 能使用不同材料制作不同风格的室内模型软装配饰。

素质目标

本项目通过列举模型砖、竹片、木片结合雪弗板、亚克力等综合材料的应用，分析模型板材结构的多样性，强调模型表达方法的多样性及制作的严谨性、规范性，培养学生一丝不苟的行业规范意识，及精益求精的工匠精神和求真务实、大胆创新、勇于探索的求知精神。

5.1　室内模型制作方案构思

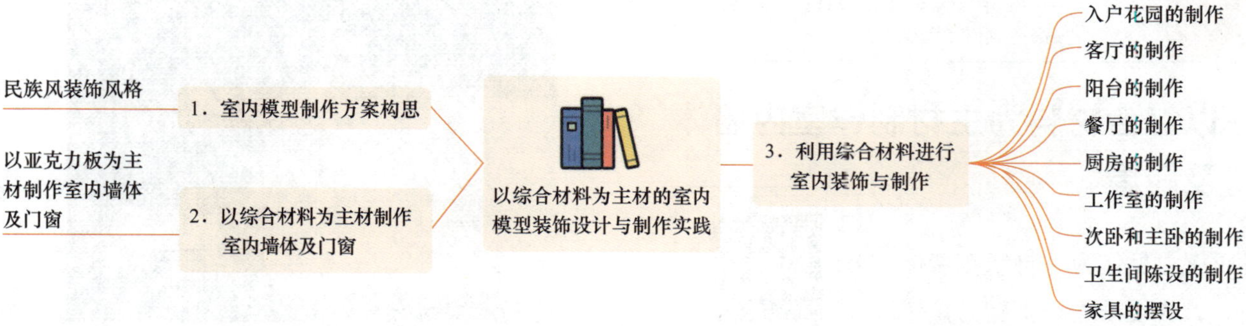

模型墙体的制作除了以 KT 板为主材外，还可以以综合材料为主材，如模型砖、竹片、木片结合雪弗板、亚克力等材料，如图 5-1 所示。

模型砖墙体　　木片墙体

图 5-1　以综合材料为主材的模型墙体

室内模型制作方案构思见表 5-1。

表 5-1　室内模型制作方案构思

主题方案	民族风装饰风格	
课题分析	设计室内平面图，校正图纸后按比例缩放	
模型比例	1:25	
模型规格	52.8 cm × 48.3cm	
模型选用材料	墙体、门窗选用透明亚克力板，地面采用 ABS 板，家具用 KT 板和布料，地板采用木纹贴纸和砖纹贴纸等	
工具	模型喷漆、酒精胶、镊子、铅笔、美工刀、钩刀、刻刀、砂纸、双面胶、尺子、电吹风、丙烯颜料、针线、墙纸若干、小木块若干、布料等	
整体调整	模型做好后，必须根据平面图进行整体调整，如发现有比例不协调的地方要及时调整，最后将灰尘、碎料等清理干净	
进度要求	8 课时	设计平面图，确定室内装饰风格，购买材料工具
	12 课时	制作墙体、底盘、门窗等
	20 课时	室内陈设制作：客厅电视墙、电视柜、沙发、茶几、橱柜、餐桌、椅子、书桌和床等主要家具
	16 课时	装饰品制作：抱枕、被子、枕头、花瓶、电视、装饰画、灯饰、洗刷盆等，最后制作模型保护罩

5.2　以综合材料为主材制作室内墙体及门窗

以亚克力板为主材制作室内墙体及门窗模型

用亚克力板作为主材制作墙体及门窗，首先要准备一把钩刀。钩刀刀头为尖钩状，是切割有机玻璃、亚克力板、ABS 塑料板等材料的利器。使用方法是先在亚克力板上画好线，再把亚克力板平放在地板上，然后把尺子按在板材上面，用长尺子盖住板材需要留下的一侧。左手按住尺子，右手握住钩刀，在画好的线上钩划一道直线缺口，然后用钩刀沿着已经刮出的直线缺口用力往后连续拉钩 4 次，接着把尺子和钩刀移开。把钩划上缺口的亚克力板，放在工作台或桌子的边沿线上，把亚克力板的直线缺口对准桌台边沿线，用力往下一按，亚克力板立即齐口断开。

下面详细介绍以亚克力板为主材的室内墙体及门窗的制作步骤（图 5-2 ～图 5-37）。

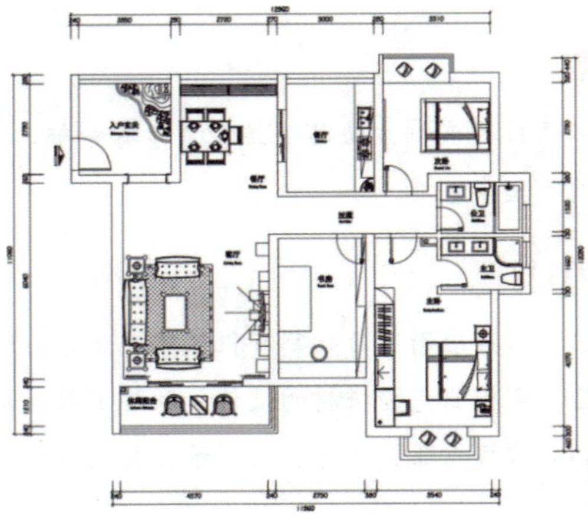

图 5-2　用 CAD 绘制平面图

图 5-3　按比例（1:25）缩放 CAD 图并打印

图 5-4　在 ABS 板上进行平面图复制

图 5-5　复制完成

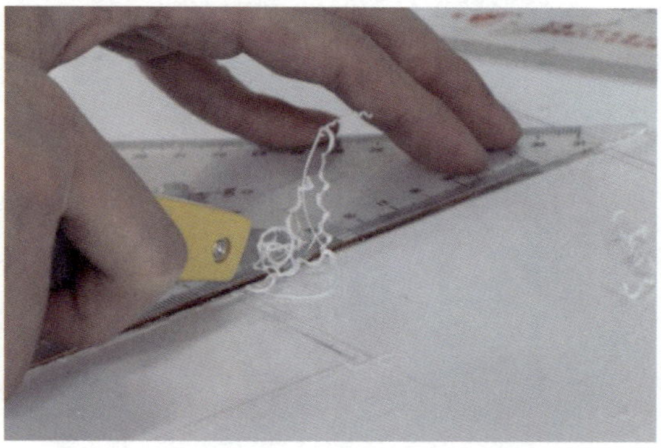

图 5-6　用钩刀切割平面图

图 5-7　将切割好的形状与主板分离

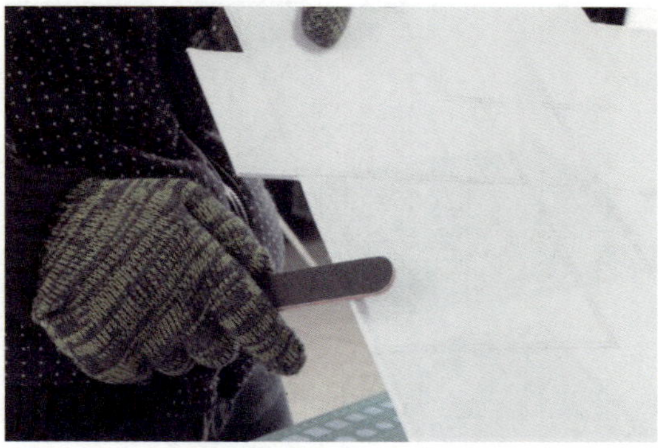

图 5-8　打磨地面板材边缘

图 5-9　测量地板贴纸尺寸

图 5-10　切割木纹贴纸

图 5-11　用小块 KT 板小心翼翼地在 ABS 板上推平地板贴纸

图 5-12　完成地面的制作

图 5-13　准备墙体主材亚克力板和钩刀

图 5-14　用钩刀将亚克力板切割成宽 12cm 的长条作为墙体

图 5-15　将切割的长条边缘用砂纸打磨平整

图 5-16　用钩刀切割出每面墙体的尺寸

图 5-17　将门的位置和尺寸在墙体上画出来

图 5-18　在墙体上进行门窗的切割

图 5-19　控制好力度将门窗掰开

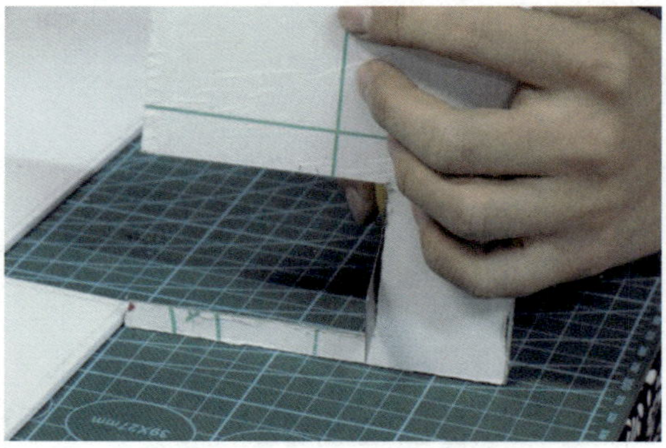

图 5-20　修整门的边缘

图 5-21　将切割好的墙去掉保护膜并量好墙纸的尺寸

图 5-22 将墙纸按照尺寸大小裁剪

图 5-23 将墙纸粘贴在切割好门的墙体上

图 5-24 墙体粘贴完成

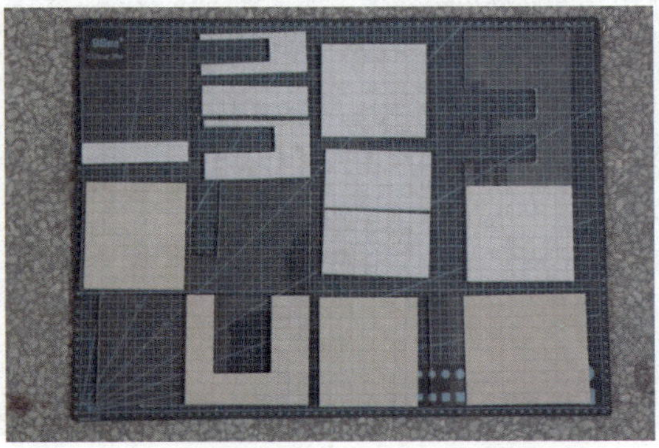

图 5-25 所有墙体粘贴完并分类记号

图 5-26 测量好门框的尺寸

图 5-27 将测量好的门框进行切割

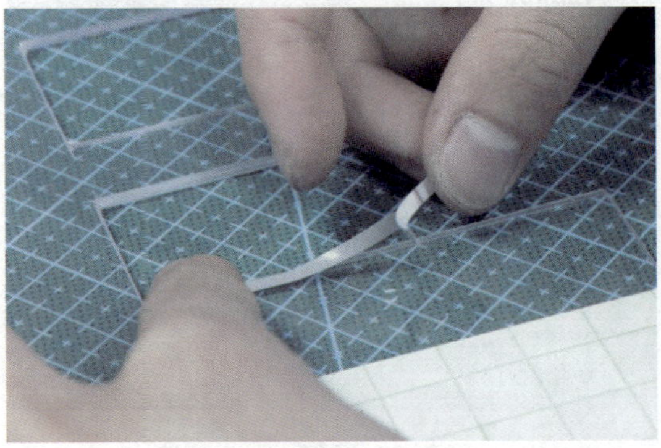

图 5-28 将门框贴纸粘贴在切割好的门框相应位置

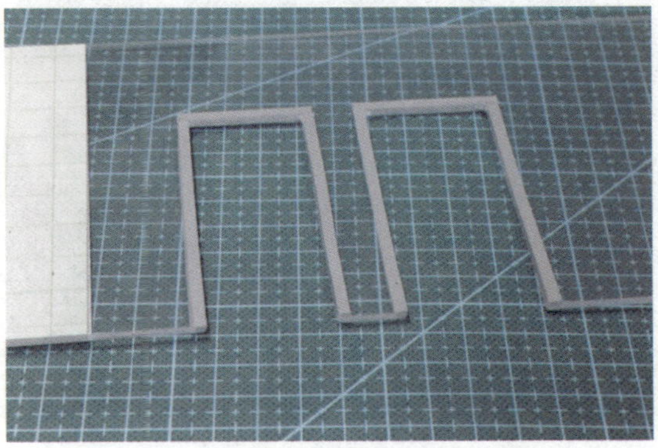

图 5-29 完成所有门框

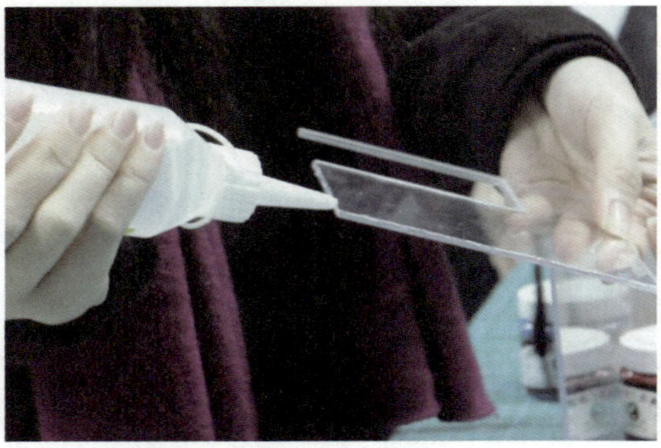

图 5-30 墙与墙之间衔接处涂上酒精胶

图 5-31 将涂上酒精胶的墙体粘贴在相应的位置

图 5-32 用重物协助立墙

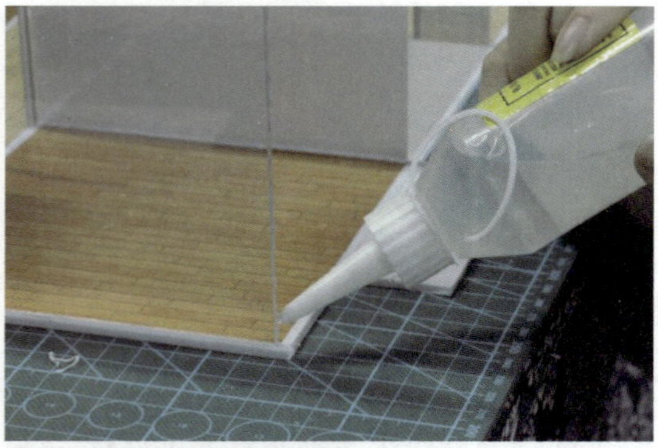

图 5-33 上胶前认真对好需要上胶的地方

图 5-34 在立墙的时候要按顺序粘贴

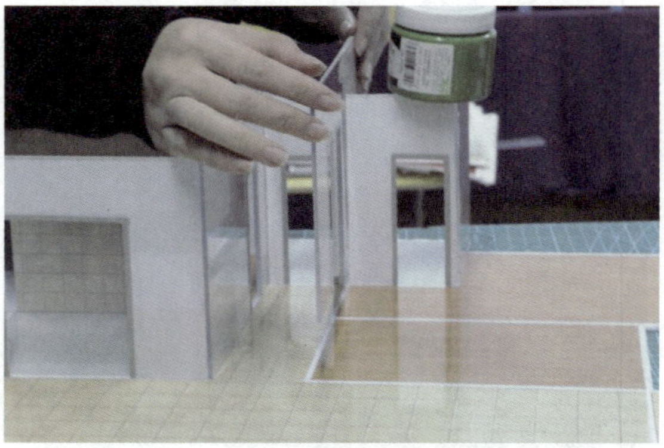

图 5-35 可以由外向内粘贴

图 5-36 粘贴完一半后的效果

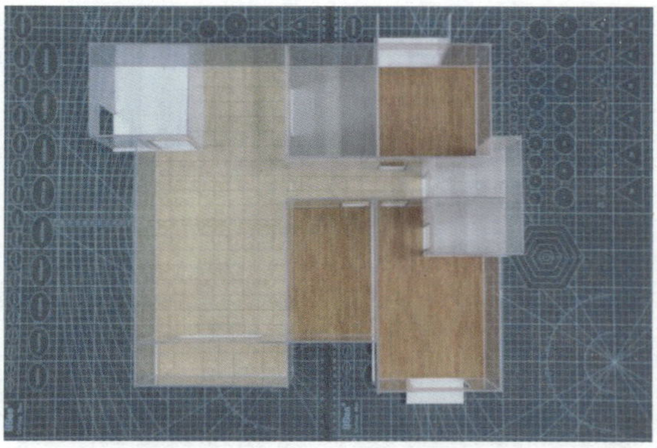

图 5-37 墙体最终效果

5.3　利用综合材料进行室内装饰与制作

1. 入户花园的制作（图 5-38 ～图 5-56）

以亚克力板
为主材制作
入户花园模型

图 5-38　在 KT 板上画一些圆（入户花园的草坪）

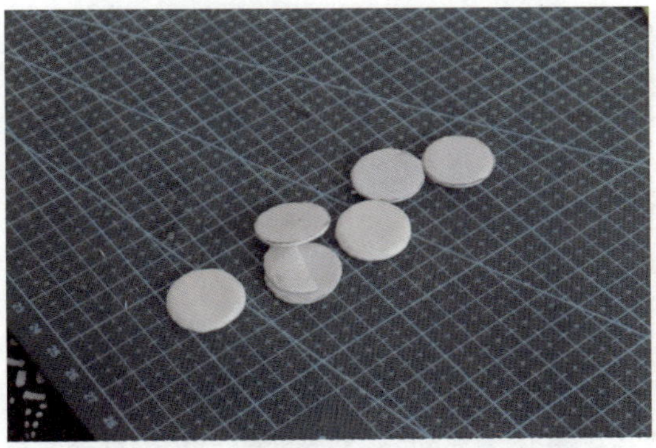

图 5-39　将圆圈切割下来再对半切薄，备用

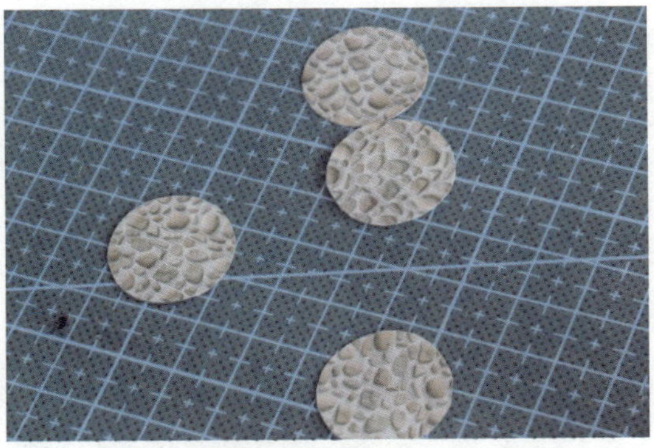

图 5-40　用石头或大理石图案的纸裁剪出与上图相同大小的圆

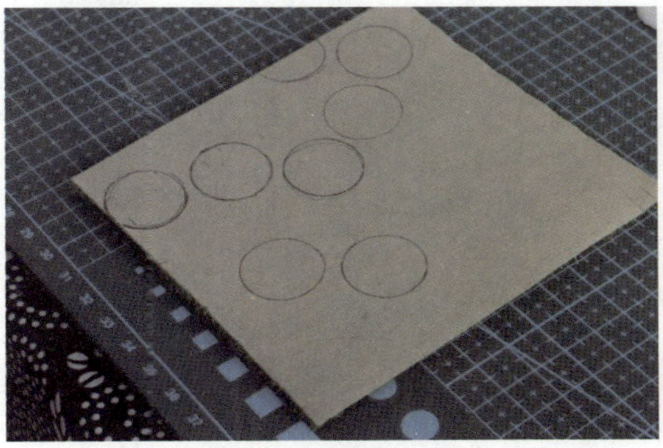

图 5-41　剪一块与入户花园相同大小的草坪，在草坪背面画出从大门到客厅门的路径

图 5-42　裁剪出圆圈

图 5-43　将先前在 KT 板上裁剪好的圆圈和石头图案进行粘贴

图 5-44　将粘贴好的石头地砖从草坪背面与草坪粘合

图 5-45 剪一块与草坪大小一样的硬纸，粘贴在草坪背面

图 5-46 用小锯子将小葫芦对半锯开，进行水缸的制作

图 5-47 将小葫芦里面的籽掏空

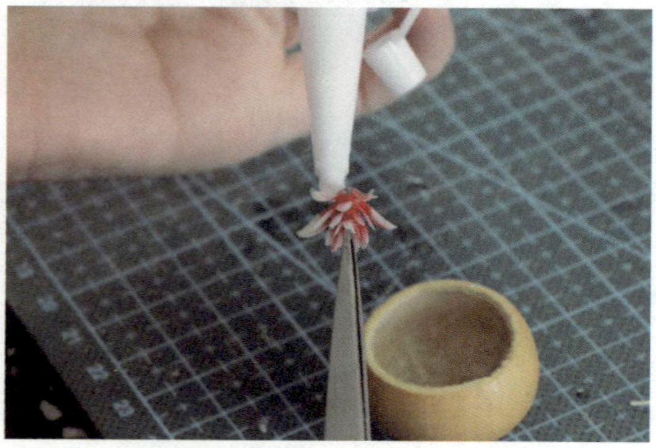

图 5-48 景观花上胶水

图 5-49 把花粘贴在小葫芦的里面

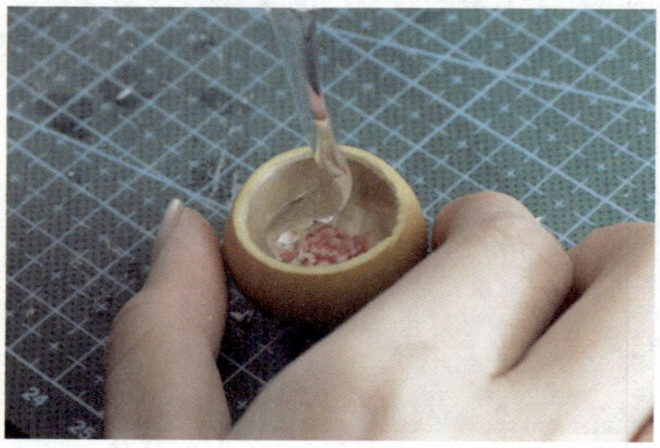

图 5-50 往葫芦里面慢慢倒入酒精胶

图 5-51 水缸完成后放一边晾干

图 5-52 将景观树、水缸、花盆粘贴在草坪上

图 5-53 将旧灯笼剪成篱笆的尺寸并用酒精胶粘贴在入户花园的墙体上

图 5-54 景观植物如果太长可进行适当地修剪

图 5-55 在小石头上涂一点酒精胶后放入场景内，并在石头上撒一点草粉

图 5-56 入户花园最终效果

2. 客厅的制作

（1）沙发的制作（图 5-57 ～图 5-101）

以亚克力板为主材制作沙发模型

图 5-57 沙发坐垫按图纸切割好尺寸

图 5-58 对半切开

图 5-59 把沙发的各部件按尺寸切好，坐垫棉花和坐垫板大小一样

图 5-60 把一个扶手零件放置在黑色背胶广告纸上

图 5-61 一侧多留一点，然后粘贴

图 5-62 上下粘贴完，左右两侧多余的广告纸用剪刀剪去

图 5-63 左右往里粘贴并用指甲轻划四个边，做出立体效果

图 5-64 将剩下部分用同样的方法粘贴完并组装成扶手

图 5-65 两个沙发扶手完成

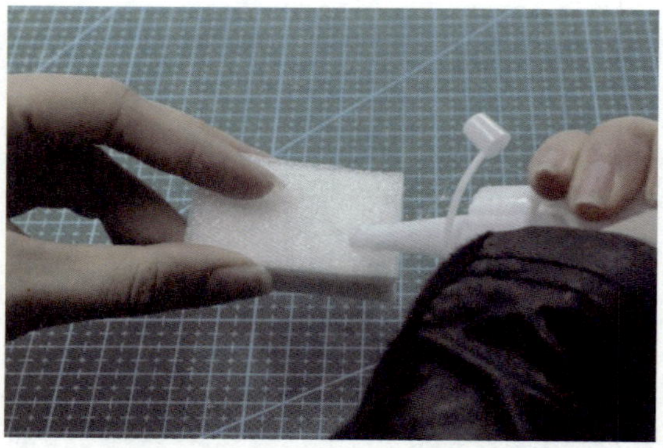

图 5-66 在沙发靠背板上粘贴硬泡沫

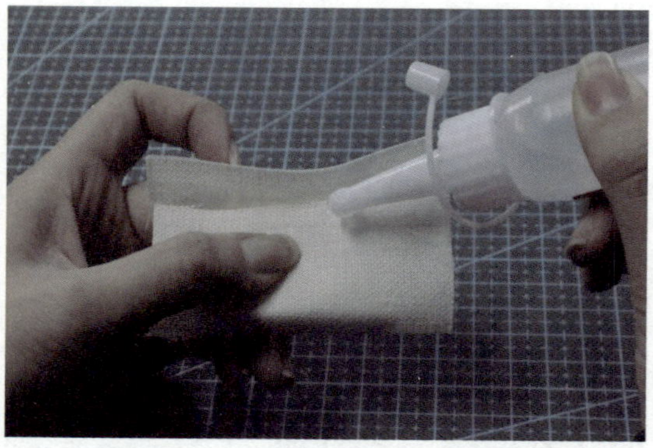

图 5-67 剪一块比沙发靠背大的布进行粘贴

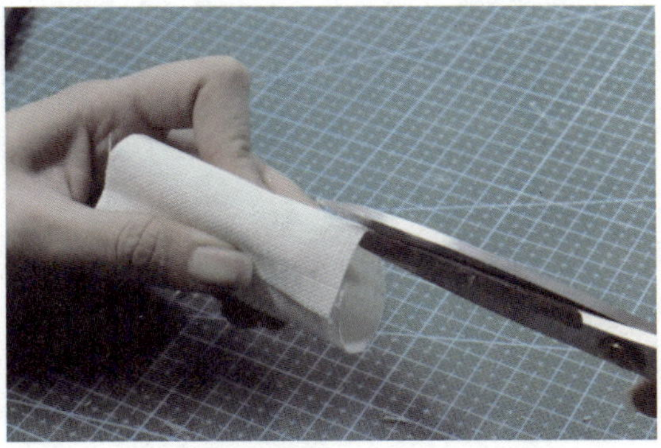

图 5-68　左右各剪四刀

图 5-69　把多余的布剪掉并把一边往里面粘贴好

图 5-70　用同样的方法粘贴另一边

图 5-71　做完两个靠背后，做沙发座和沙发坐垫

图 5-72　把两块沙发座粘贴在一起，并用一条长布条包住露在外面的部分

图 5-73　沙发座制作完成

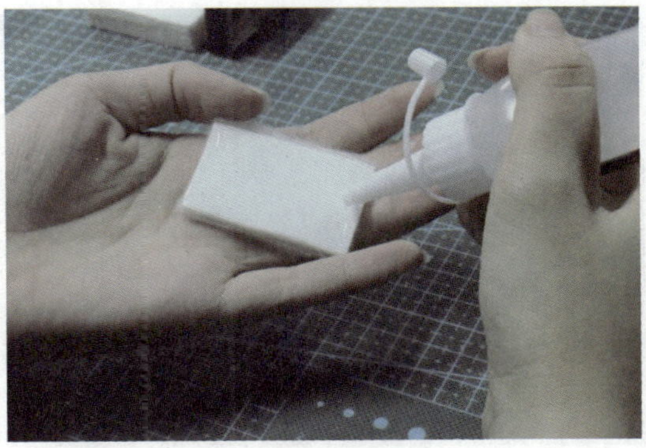

图 5-74　将软棉花和对半切开的 KT 板进行粘贴并在表面上胶

图 5-75　剪一块比沙发坐垫大一点的布

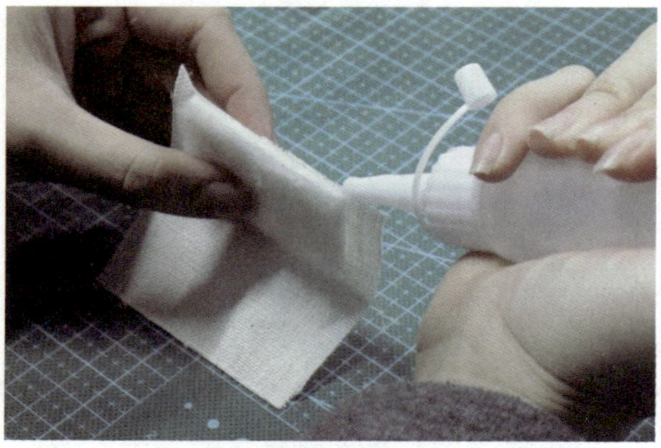

图 5-76 上胶后进行粘贴

图 5-77 两边分别剪四刀

图 5-78 上酒精胶继续粘贴

图 5-79 中间往里粘

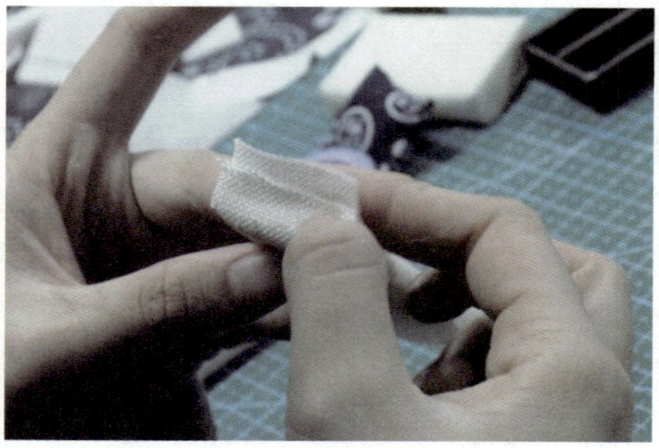

图 5-80 继续往里粘

图 5-81 剪掉多余的布后，沙发坐垫完成（用同样的方法再做一个）

图 5-82 在布上画好两块 3cm × 6cm 的长方形并裁剪下来

图 5-83 四个边分别往里折进 0.5cm

图 5-84　再对折

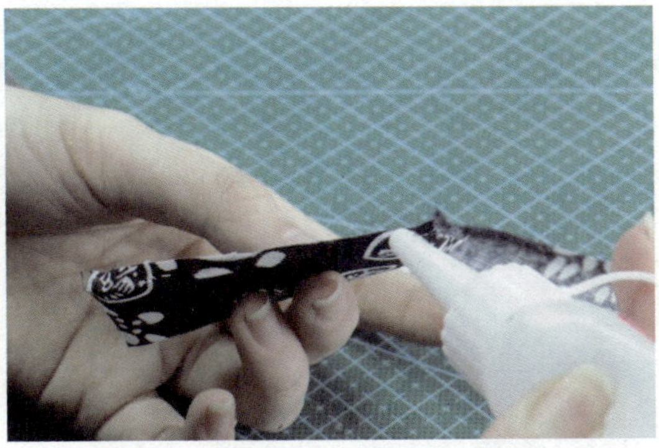

图 5-85　边缘上胶

图 5-86　用镊子将 0.5cm 边缘夹紧粘牢

图 5-87　完成两个沙发抱枕套

图 5-88　往抱枕套里面塞棉花

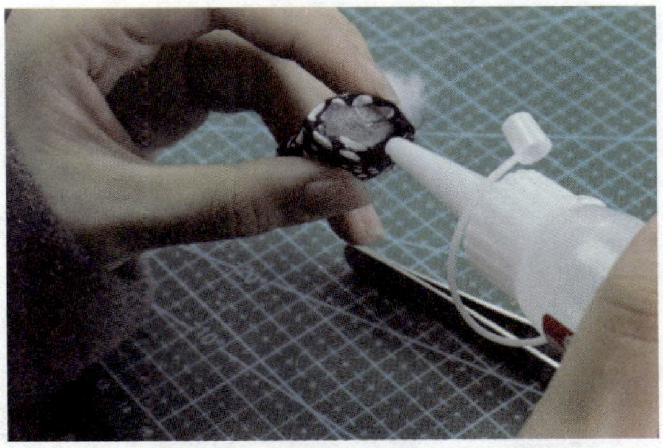

图 5-89　收口往里折并涂上酒精胶

图 5-90　用镊子夹紧粘牢（用同样的方法制作沙发靠垫）

图 5-91　所有沙发部件完成后，接下来组装

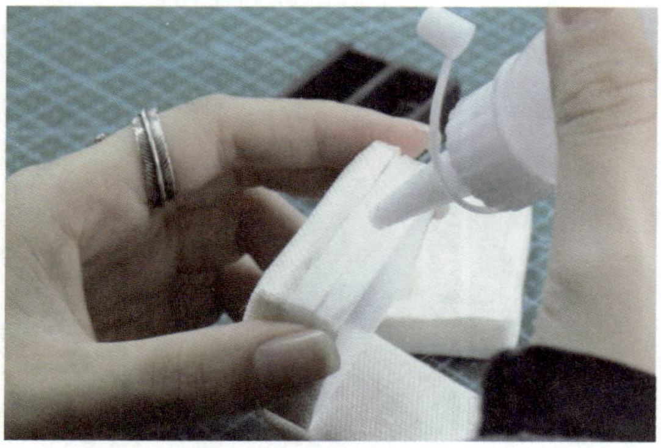

图 5-92 将沙发坐垫粘贴在沙发座上

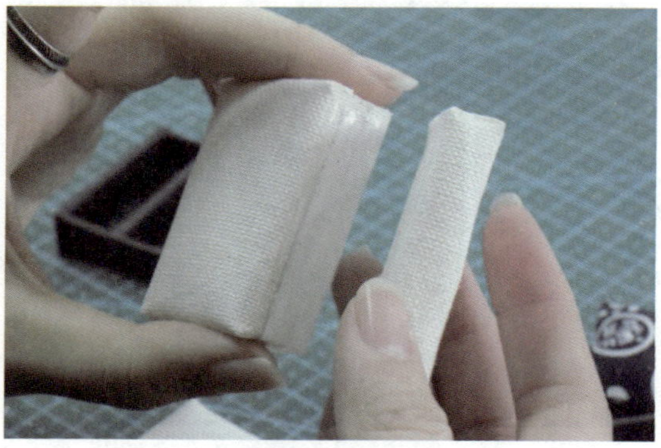

图 5-93 将沙发靠背粘贴在沙发座后面

图 5-94 用力固定片刻

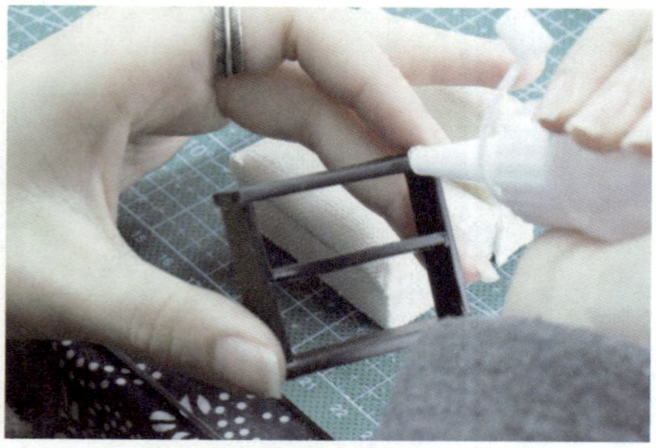

图 5-95 沙发扶手上胶

图 5-96 将沙发扶手固定在沙发边上

图 5-97 另一边也用同样的方法固定

图 5-98 将各自粘贴好的沙发进行拼接

图 5-99 沙发靠垫与沙发靠背进行粘贴

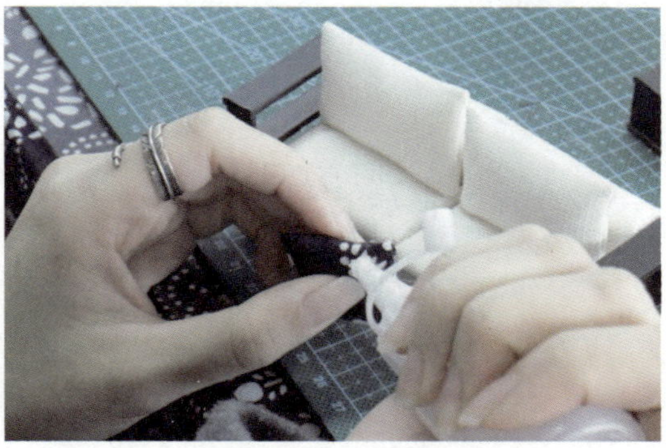

图 5-100 将沙发抱枕粘贴在沙发坐垫和沙发靠垫上

图 5-101 沙发最终效果

（2）茶几的制作（图 5-102 ～图 5-110）

以亚克力板
为主材制作
茶几模型

图 5-102 按图纸尺寸切割好茶几，黑色背胶广告纸要比茶几大，将四个角各自剪去一个小方块

图 5-103 往里翻折（广告纸多留一点，不然时间久了会外翻）

图 5-104 四个边翻折完成

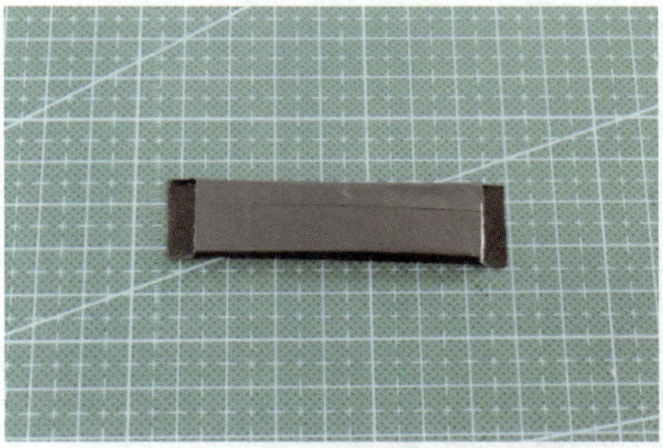

图 5-105 用同样的方法将其余的茶几零件用黑色背胶广告纸全部包好

图 5-106 全部包好后，接下来组装

图 5-107 把茶几的侧面粘贴好

图 5-108 再粘贴上桌面

图 5-109 固定片刻直到胶水变干

图 5-110 客厅茶几基本完成，后期可以装饰上漂亮的东西

（3）矮凳的制作（图 5-111 ~图 5-120）

以亚克力板为主材制作矮凳和电视机模型

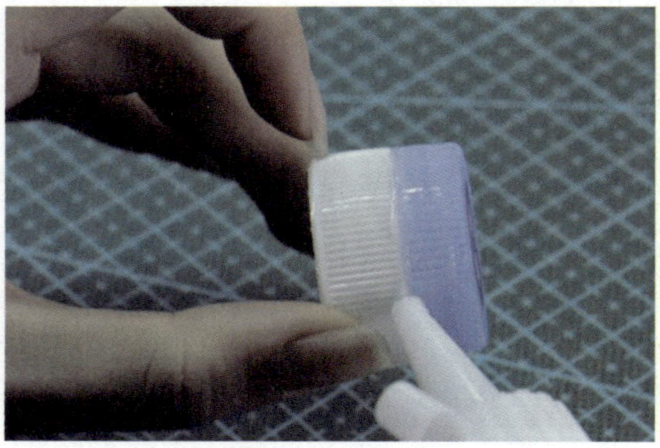

图 5-111 将两个瓶盖粘贴在一起

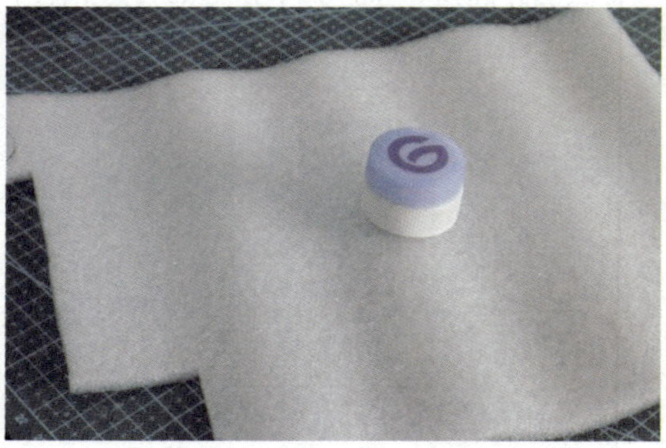

图 5-112 剪一块与瓶盖大小一样的硬泡沫

图 5-113 将硬泡沫粘贴在瓶盖上

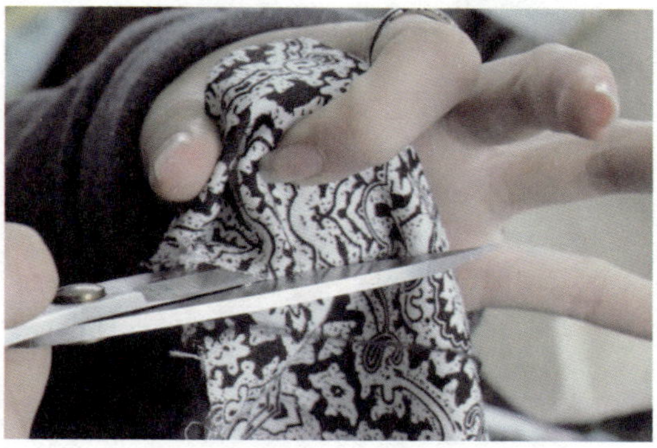

图 5-114 用一块布包住泡沫瓶盖并剪掉多余的布

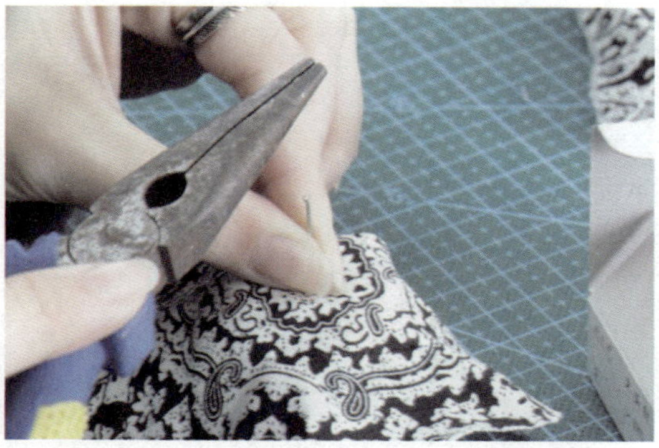

图 5-115 在正中间钉钉子

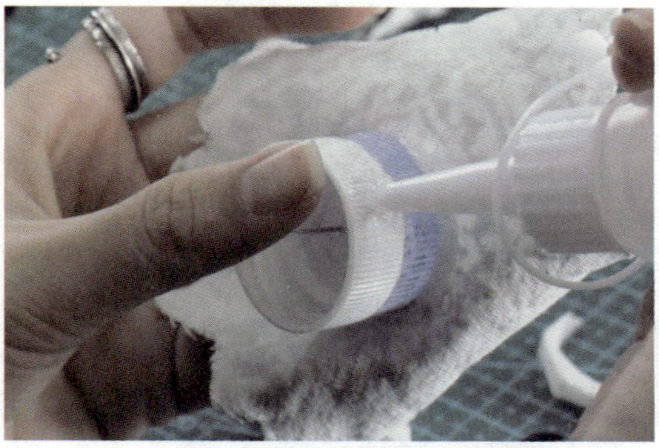

图 5-116 在瓶盖周围涂上酒精胶

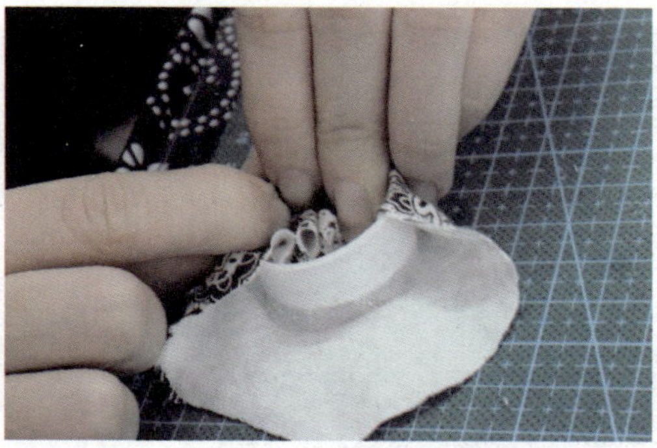

图 5-117 将布慢慢地往瓶盖里塞，塞的时候要做一点褶皱

图 5-118 切一块瓶盖大小的 KT 板塞进去

图 5-119 褶皱不够的时候可以用镊子夹出更多褶皱

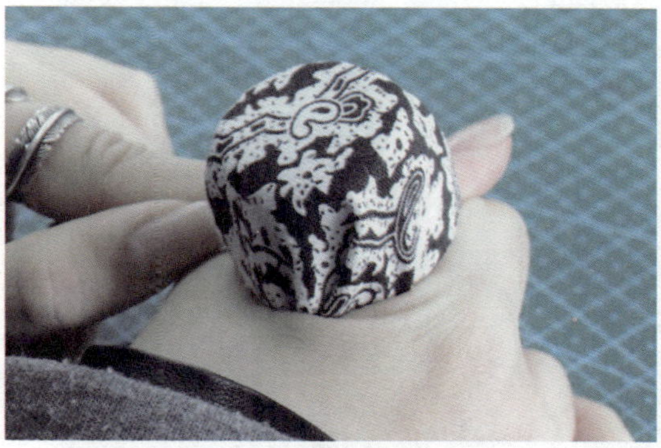

图 5-120 矮凳制作完成

（4）电视机的制作（图 5-121 ～图 5-125）

图 5-121 按图纸尺寸切好电视机，剪一块比电视机大的黑色背胶广告纸

图 5-122 将四个角各自剪去一个小方块后进行粘贴

图 5-123 剪一块与电视机一样大的 0.5mm 厚的亚克力板

图 5-124 电视机边缘用指甲轻刮一下会更立体，四个角点上胶水并粘贴上亚克力板

图 5-125 电视机最终效果

（5）落地灯的制作（图 5-126 ～图 5-132）

以亚克力板为主材制作落地灯模型

图 5-126 准备纽扣电池、LED 灯、外壳、珠子

图 5-127 把珠子固定到外壳上

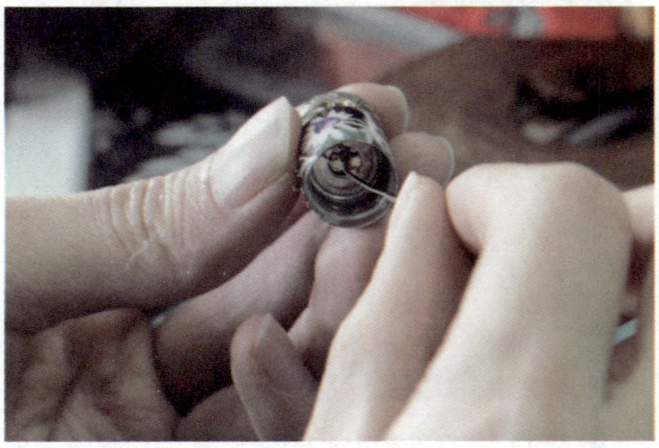

图 5-128 将 LED 灯放到外壳里面

图 5-129 用电线连接纽扣电池正负极进行测试

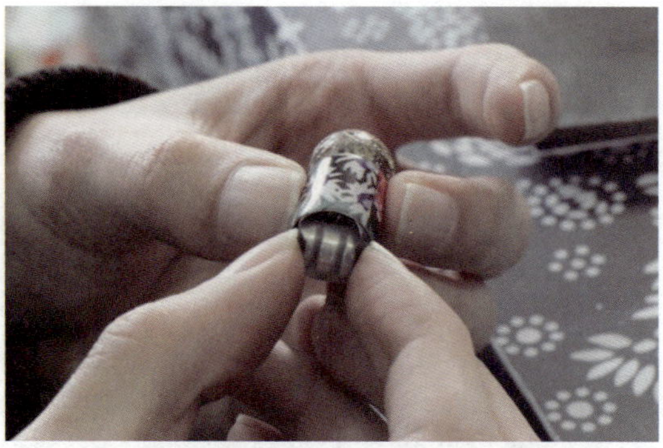

图 5-130 灯泡测试正常之后粘上胶布，将纽扣电池塞入外壳

图 5-131 再次测试灯泡是否亮

图 5-132 找一个底座，简单的落地灯制作完成

(6) 电视柜的制作（图 5-133 ~图 5-136）

以亚克力板为主材制作电视柜和电视背景墙模型

图 5-133 电视柜是用小木块做的，先摆好造型再上胶

图 5-134 上胶水时要注意有的面要上胶水，有的面不用上胶水

图 5-135 用手压住固定片刻

图 5-136　电视柜制作完成

图 5-140　用 KT 板从下往上刮平整

（7）电视背景墙的制作（图 5-137 ～图 5-141）

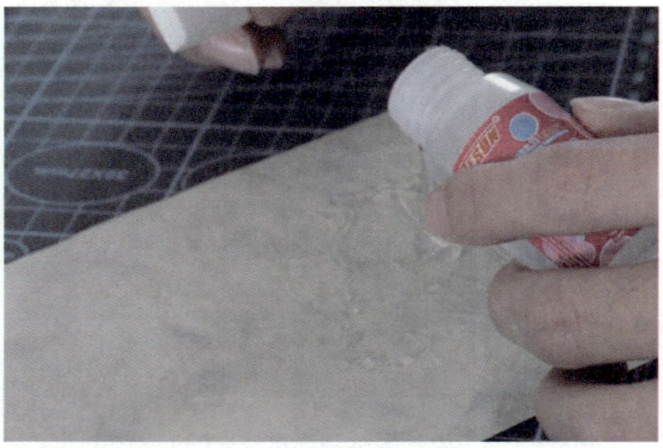

图 5-137　剪一块电视背景墙大小的纸并上胶水

图 5-141　在晾干的过程中可以做沙发背景墙

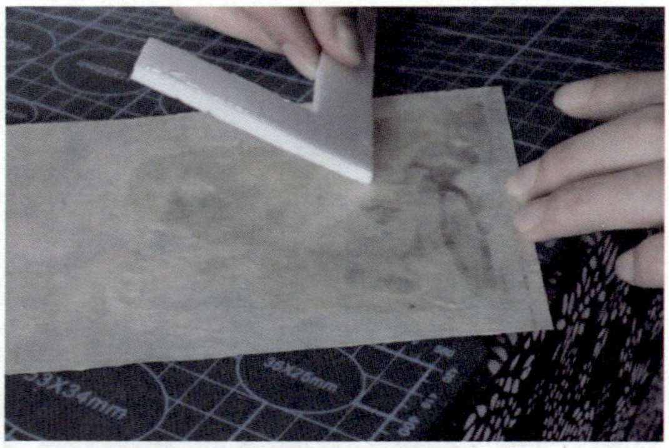

图 5-138　用 KT 板均匀涂抹

（8）沙发背景墙的制作（图 5-142 ～图 5-149）

以亚克力板
为主材制作
沙发背景墙模型

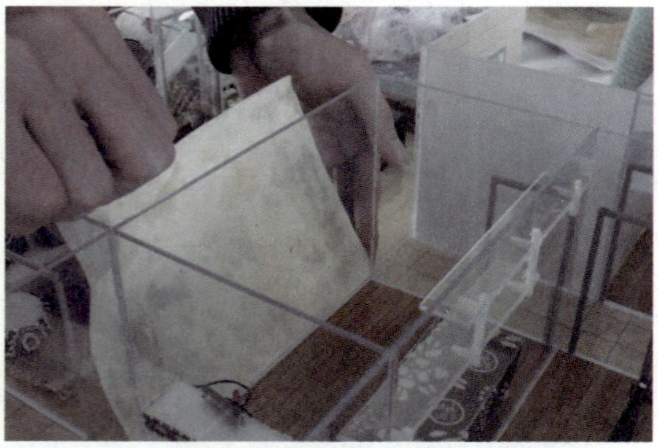

图 5-139　从下往上对准，粘贴在客厅墙面上

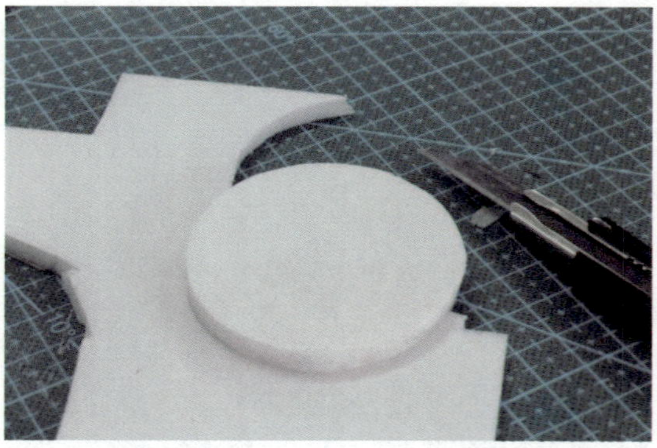

图 5-142　在 KT 板上切割一个圆圈

图 5-143　找一张喜欢的图片剪出与 KT 板大小一样的圆圈

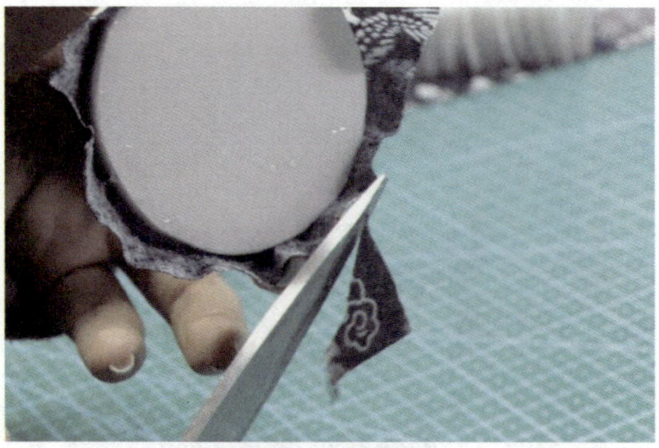

图 5-144　拿一块印花布包住圆圈并剪去多余的布

图 5-145　涂上酒精胶

图 5-146　粘贴上剪好的图片（注意不要贴太紧）

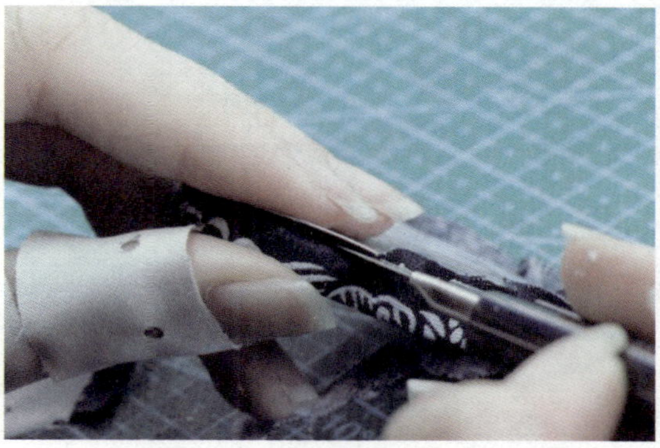

图 5-147　用美工刀把印花布往里塞

图 5-148　边缘涂上胶水并按压粘牢

图 5-149　挂画完成，目测挂画在墙上的位置，挂画之间要留有距离

（9）客厅家具的摆放（图 5-150 ~图 5-156）

以亚克力板
为主材制作
客厅家具模型

图 5-150　先固定好电视机再固定电视柜

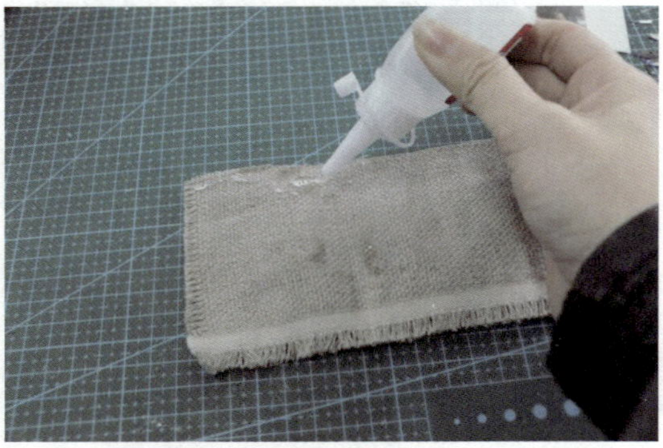

图 5-151　剪一块布，把四条边的线抽掉大约 0.5cm 并在边上均匀涂抹胶水

图 5-152　轻轻粘贴在客厅地面上作为地毯

图 5-153　装饰一下茶几并粘贴在地毯上

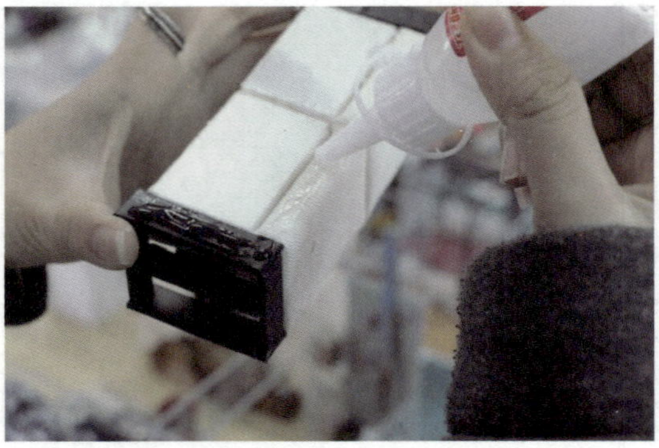

图 5-154　固定沙发，注意能着地的地方都要上胶，上胶时从边缘到里面 1cm 的地方开始涂，防止固定时胶水溢出来

图 5-155　将客厅家具摆放好后上胶固定

图 5-156　客厅最终效果

3. 阳台的制作（图 5-157 ~图 5-176）

以亚克力板
为主材制作
阳台模型

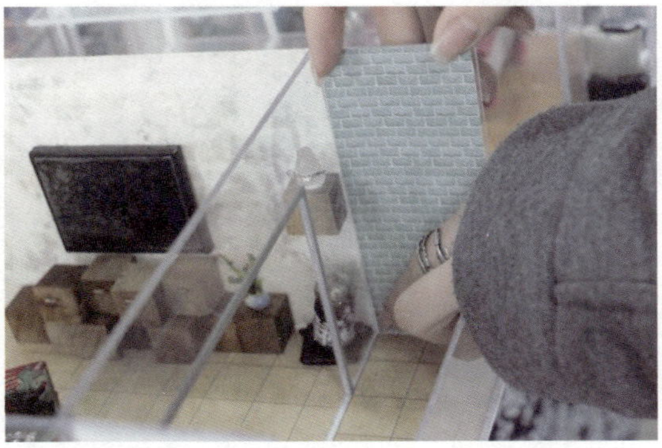

图 5-157 阳台边墙粘贴砖图案的壁纸

图 5-158 用小锯子将小葫芦前部、中部、底部分别锯开

图 5 -159 锯成如图所示并打磨边缘（两部分葫芦都会用到）

图 5-160 葫芦中部内外用酒红色喷漆随意喷涂

图 5-161 然后再用浅绿色喷漆随意喷涂

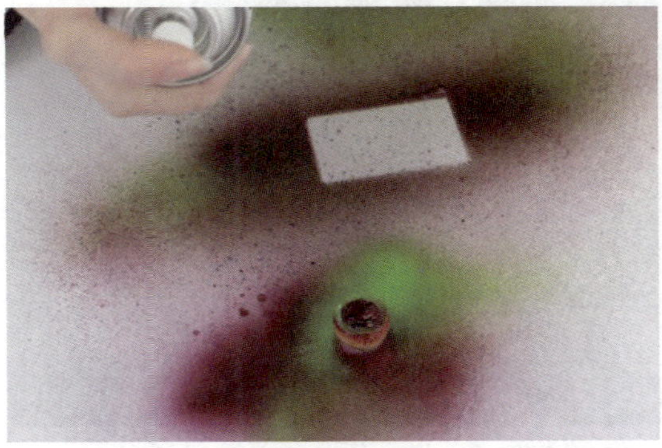

图 5-162 另一部分的葫芦底部用同样的方法喷漆

图 5-163 将葫芦中部粘贴到木块上

图 5-164 把模型花粘贴上去

图 5-165 尽量将花整理得更美观

图 5-166 将之前入户花园用剩下的材料装饰在花盆旁边

图 5-167 在每块石头上涂胶水并粘贴在花盆旁边

图 5-168 将葫芦底部固定倒入胶水后往里面倒草粉

图 5-169 将模型枝干固定到墙上，另一头插入葫芦底部

图 5-170 按尺寸切割好椅面，KT 板对半切开再一分为二

图 5-171 边缘各留 0.5cm，椅脚用同样的方法切割

图 5-172 牙签去掉头部和尾部，椅面里面涂上胶水并用镊子固定

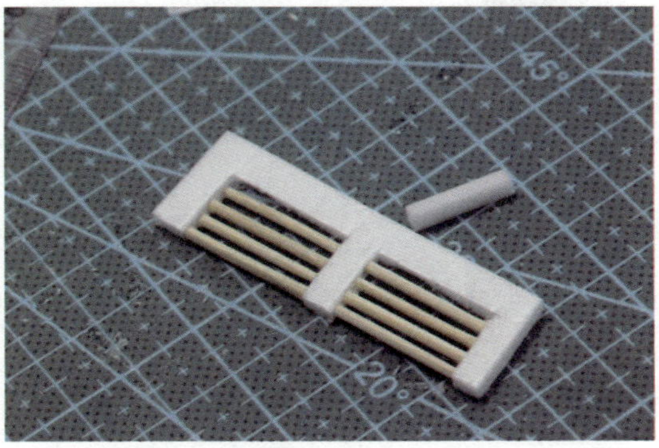

图 5-173　椅面制作完成

图 5-174　将两边的椅脚也用同样的方法粘贴

图 5-175　休闲椅最终效果

图 5-176　固定各部件后阳台的最终效果

4. 餐厅的制作

（1）餐桌的制作（图 5-177 ~图 5-188）

以亚克力板
为主材制作
餐桌模型

图 5-177　按尺寸切割好餐桌的桌面和桌脚并对半切薄

图 5-178　用黑色背胶广告纸将餐桌面包起来

图 5-179　餐桌的正面

图 5-180　将桌脚包纸的四个角各剪去一个小方块进行粘贴

图 5-181　用同样的方法制作四个桌脚

图 5-182　桌脚涂上胶水

图 5-183　与桌面进行正确粘贴

图 5-184　餐桌完成，接下来做装饰部分

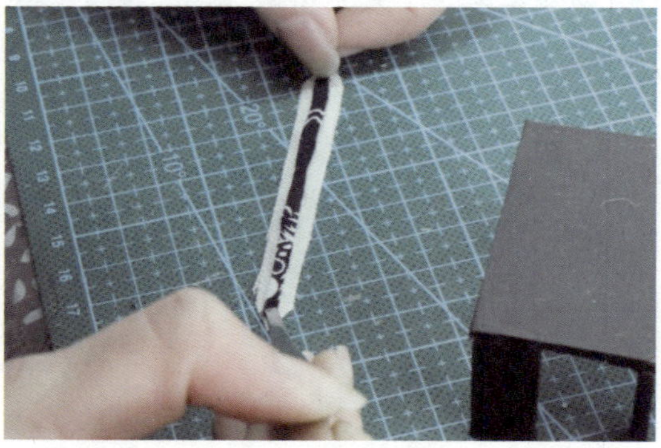

图 5-185　桌旗要比桌面长，宽 1cm，里面的布宽 0.3cm

图 5-186　对比桌旗观察是否与餐桌协调

图 5-187　桌旗头尾各做一个流苏，完成后将桌旗粘贴到餐桌中间

图 5-188　餐桌的最终效果

（2）盆栽的制作（图 5-189 ～图 5-194）

以亚克力板
为主材制作
盆栽模型

图 5-189　通过废物利用进行盆栽的制作

图 5-190　根据要制作的花比例大小进行修剪

图 5-191　剪下孔雀羽毛上长的须作为花枝

图 5-192　将一小束花用镊子夹紧并在底部涂上胶水

图 5-193　将涂上胶水的花束粘到珠子里

图 5-194　发挥创意制作各种盆栽

（3）餐椅的制作（图 5-195 ~图 5-205）

以亚克力板
为主材制作
餐椅模型

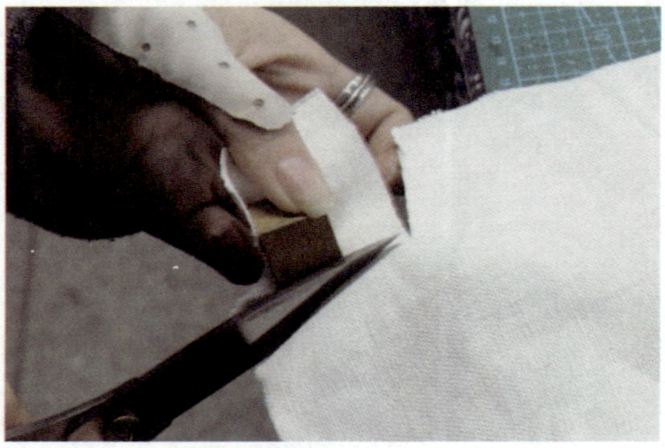

图 5-195　用亚麻将木块五个面包起来并剪下

图 5-196　木块五个面涂上胶水与亚麻粘贴

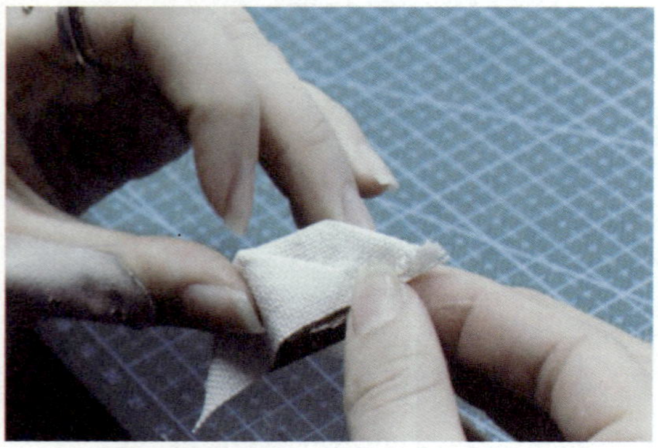

图 5-197　将布角对折

图 5-198　四个椅座完成

图 5-199　剪下比椅背大一点的亚麻

图 5-200　椅背的所有面都要包到，多余部分用剪刀剪掉

图 5-201　剪一小条印花布粘贴到椅座正面

图 5-202　椅座装饰上小布条显得更美观

图 5-203　把椅背粘贴到椅座上

图 5-204　餐椅最终效果

图 5-205　固定各部件后餐厅的最终效果

5. 厨房的制作（图 5-206 ~图 5-240）

以亚克力板为主材制作厨房模型

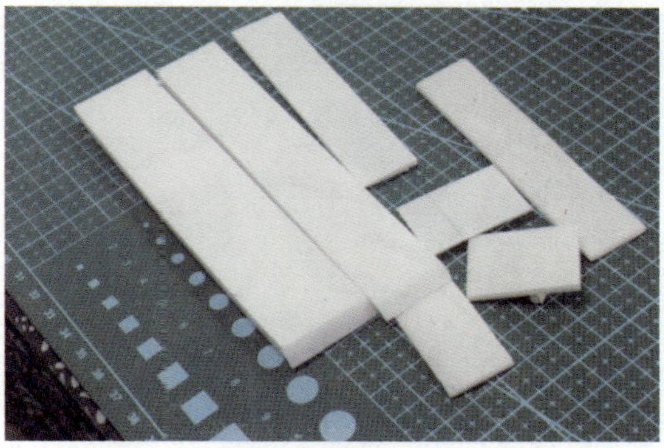

图 5-206　按比例切割好橱柜、吊柜的台面、面板、门板，吊柜的面板要对半切薄

图 5-207　将整条吊柜门板按比例切割，四边留 0.5cm 并做好记号

图 5-208　对半切开吊柜门板

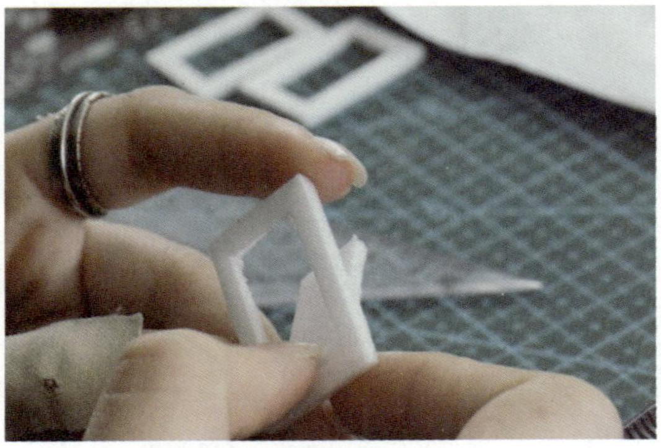

图 5-209 挖空吊柜门板

图 5-210 挖空的吊柜门板完成

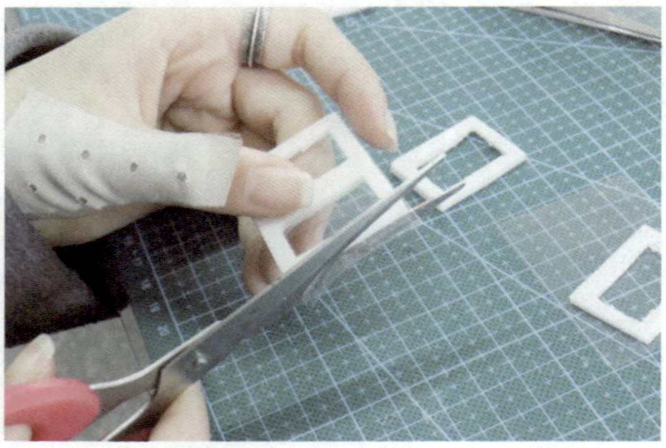

图 5-211 剪下与门板同样大小的透明包装片

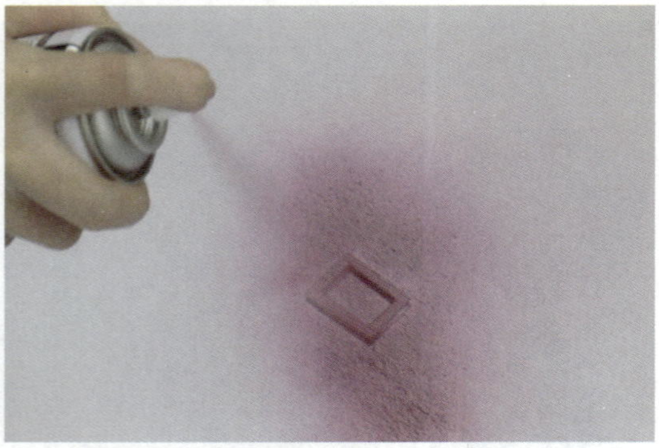

图 5-212 用模型喷漆将吊柜门板喷成酒红色

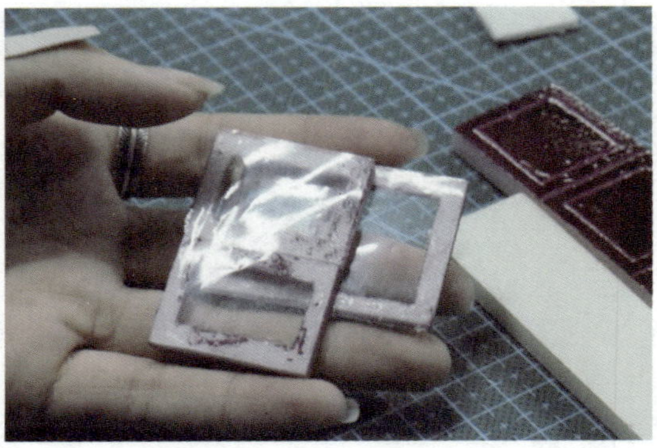

图 5-213 把透明包装片粘贴到吊柜门板后面

图 5-214 橱柜门板用空芯油性笔画出痕迹，橱柜门板喷成酒红色，其余台面、面板喷成米白色

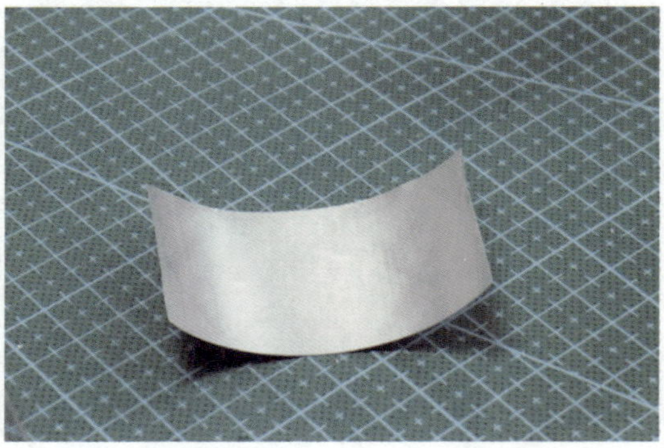

图 5-215 从易拉罐上剪下一个长方形

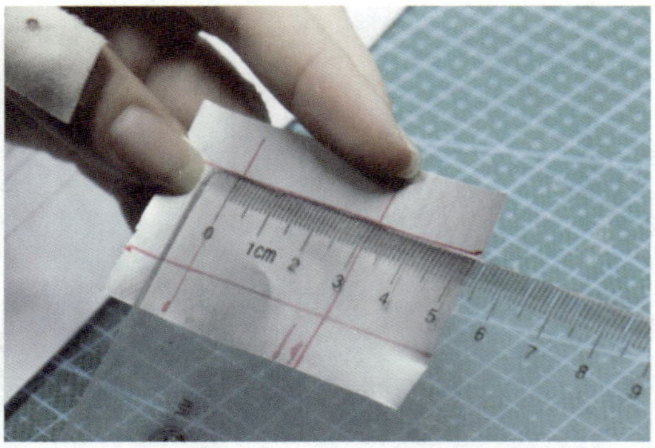

图 5-216 做好尺寸记号

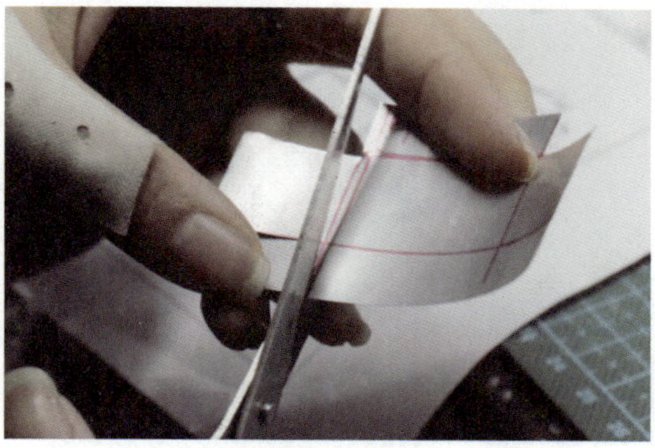

图 5-217 剪掉四个边角

图 5-218 往里面翻折并用透明胶粘贴做成水槽

图 5-219 水槽中间隔断面做成 0.2cm 宽并用胶水固定

图 5-220 将台面的水槽位置切割好

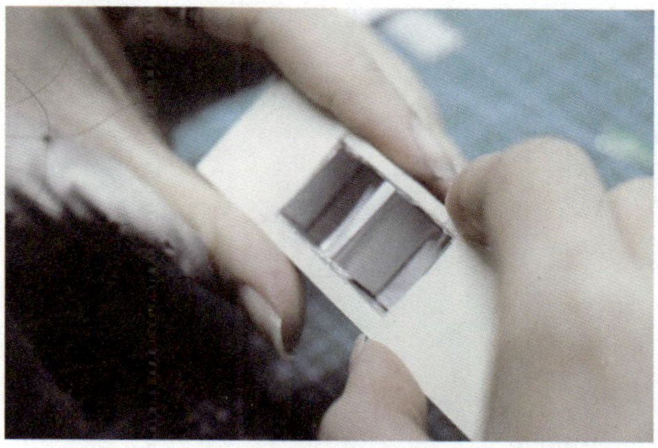

图 5-221 涂上胶水后将水槽从里面固定

图 5-222 剪四条铝片，头尾各斜剪一刀，将大头针折弯做成水龙头

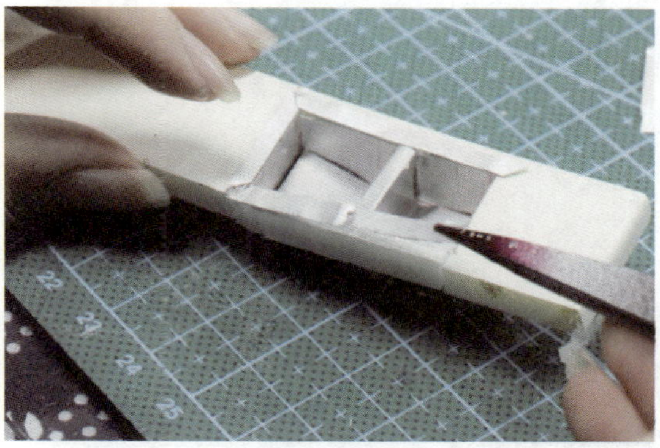

图 5-223 涂上胶水后在水槽四周粘贴铝片

图 5-224 橱柜门板涂上胶水，橱柜完成

图 5-225　橱柜的最终效果

图 5-226　进行吊柜门板的粘贴

图 5-227　吊柜门板要对整齐

图 5-228　粘贴米白色的上下面板

图 5-229　粘贴左右酒红色门板，吊柜完成

图 5-230　吊柜的最终效果

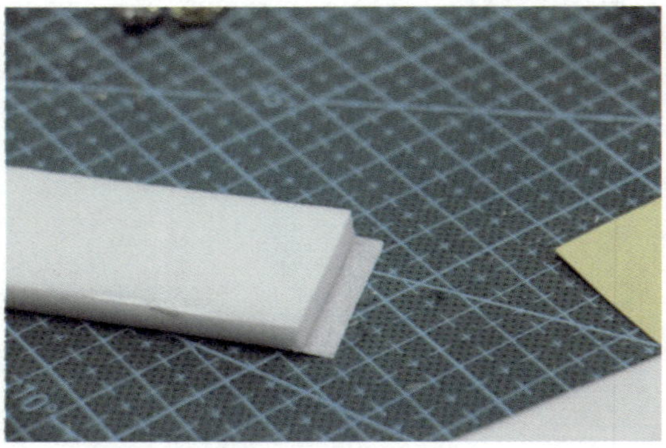

图 5-231　将冰箱侧面面板的上下边各切去 0.5cm 并保持 KT 板表面不断

图 5-232　冰箱上下面板与侧面面板进行粘贴

图 5-233　做成一个盒子状

图 5-234　冰箱门中间挖去 0.2cm 宽

图 5-235　冰箱门侧边做一个把手

图 5-236　冰箱制作完成

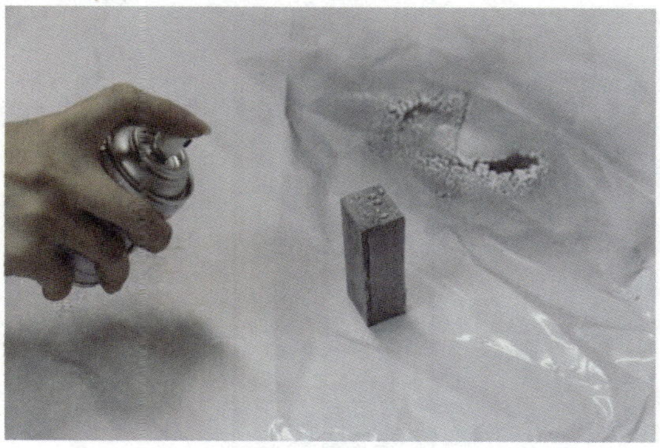

图 5-237　将冰箱喷成银灰色

图 5-238　粘贴白色小珠子作为吊柜把手并固定吊柜

图 5-239　粘贴橱柜

图 5-240　固定冰箱后厨房的最终效果

6. 工作室的制作

（1）长桌的制作（图 5-241、图 5-242）

以亚克力板
为主材制作
工作室模型

图 5-241　花边缠绕长桌板一圈

图 5-242　长桌的最终效果

（2）工作桌的制作（图 5-243 ～图 5-247）

图 5-243　将工作桌的制作零件切割好

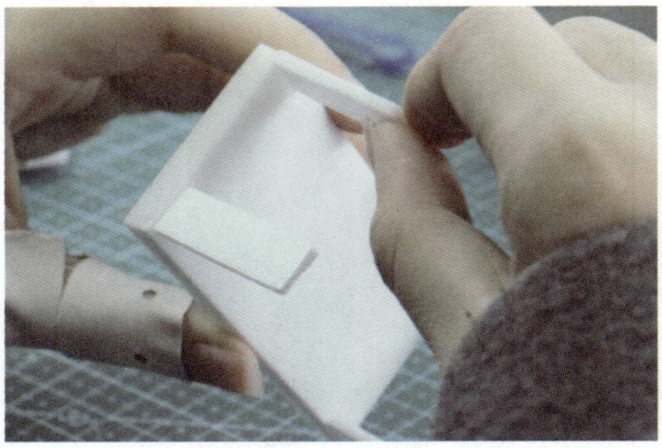

图 5-244　固定好桌脚

图 5-245　用印花布包好

图 5-246　桌面上粘贴一块 0.3cm 厚的亚克力板

图 5-247　工作桌的最终效果

（3）置物架的制作（图 5-248 ～图 5-250）

图 5-248 将 KT 板切割成支架

图 5-249 将亚克力板粘贴在上面

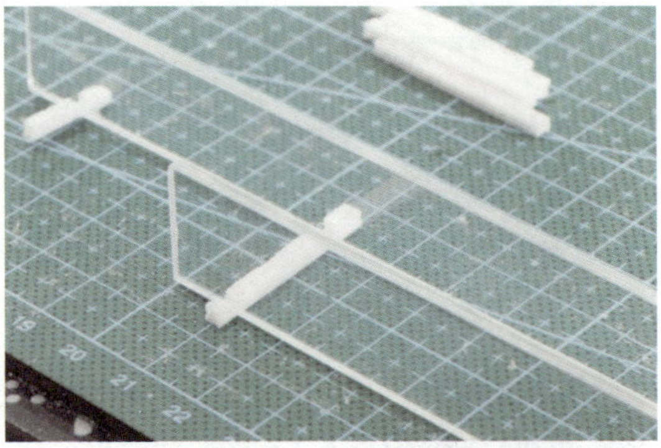

图 5-250 置物架的最终效果

（4）挂画的制作（图 5-251 ～图 5-255）

图 5-251 剪四条广告纸

图 5-252 用胶水均匀涂抹 KT 板

图 5-253 将画粘贴到 KT 板上

图 5-254 用四条广告纸进行画框包边

图 5-255 挂画的最终效果

（5）贵妃椅的制作（图 5-256 ~图 5-268）

图 2-256 先用笔在 KT 板上勾勒出靠背再切割

图 5-260 将靠背双面进行粘贴

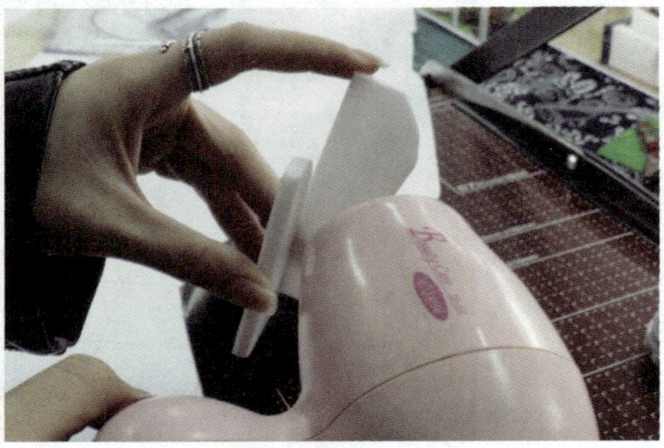

图 5-257 用电吹风更好地吹出弧度

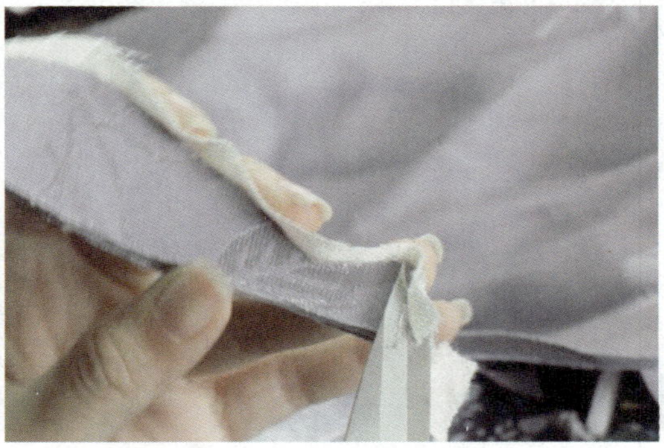

图 5-261 靠背包边

图 5-258 垫子用软泡沫包布

图 5-262 将坐垫和靠背粘贴在一起

图 5-259 再切割一块一样的 KT 板当作底板

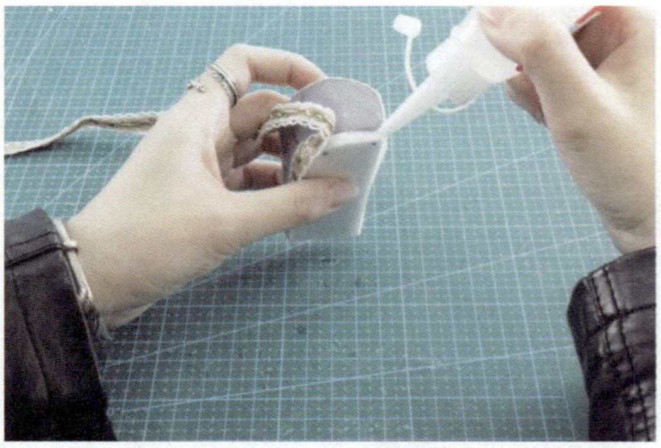

图 5-263 给坐垫底板粘贴花边

图 5-264　将一次性筷子锯成四个小木块

图 5-265　打磨小木块

图 5-266　粘贴小木块做成椅脚

图 5-267　四个椅脚粘贴完成

图 5-268　贵妃椅的最终效果

（6）画架的制作（图 5-269 ～图 5-282）

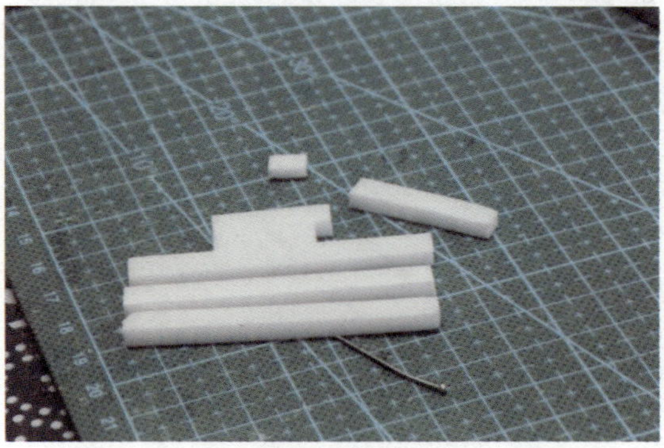

图 5-269　准备好制作画架的材料

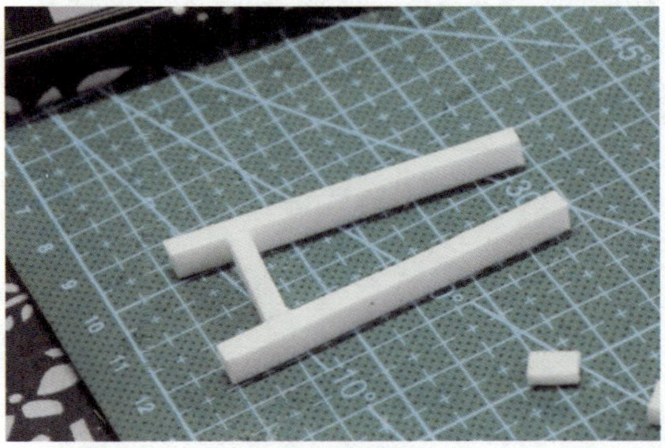

图 5-270　在最长的两根支撑的中下部粘贴一根支撑

图 5-271　再粘贴上面的一根支撑

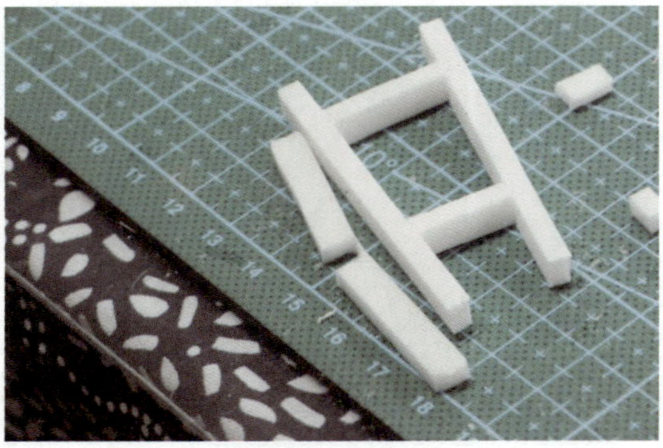

图 5-272 在一根支撑的适当位置切一个凹槽但不切断

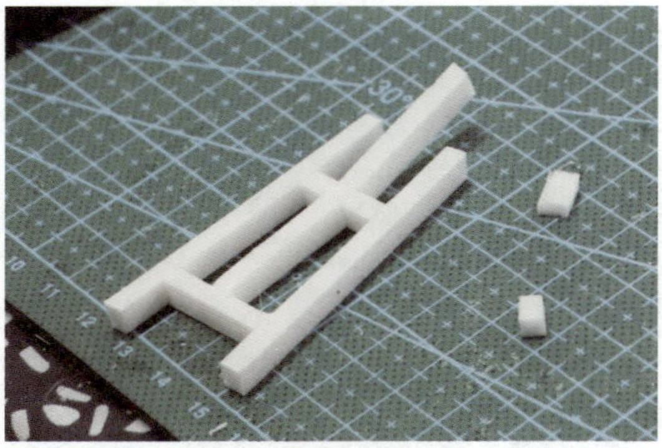

图 5-273 粘贴到整个支架的中间

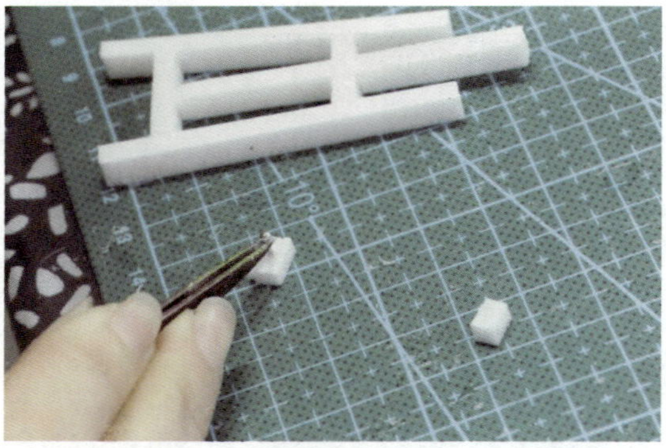

图 5-274 将大头针剪成只留针头并粘贴在 KT 板上

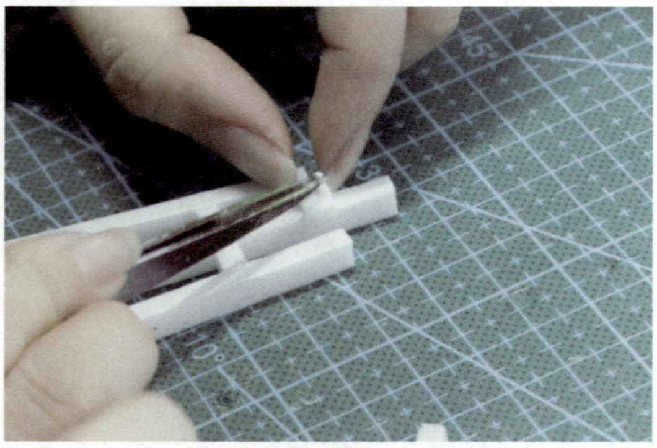

图 5-275 固定到画架上

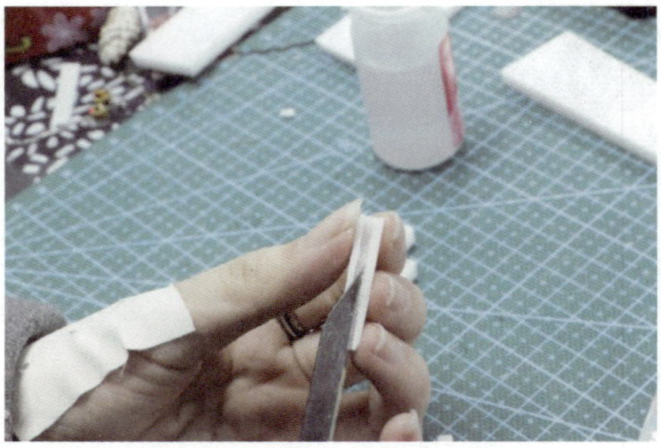

图 5-276 在一根横支撑上切割出凹槽

图 5-277 粘贴两个大头针的针头

图 5-278 将横支撑固定在画架的中间位置

图 5-279 粘贴画架的后支撑

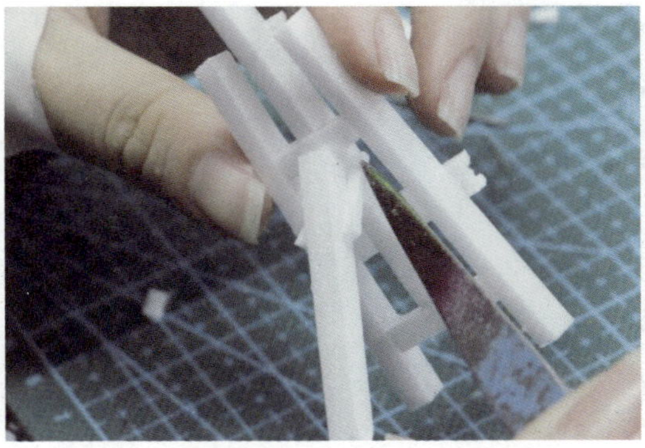

图 5-280　粘贴上左右调节用的斜支撑

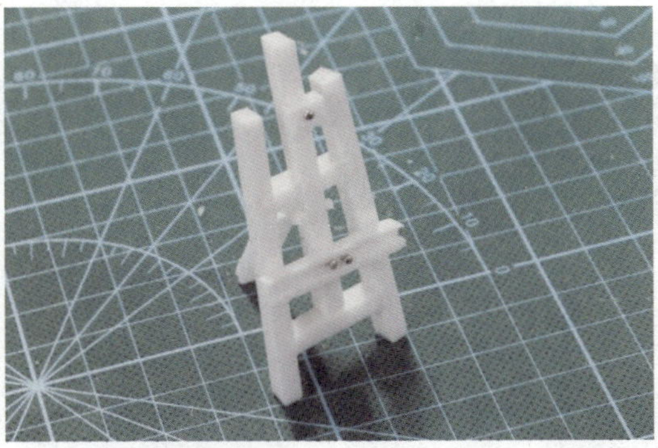

图 5-281　画架制作完成

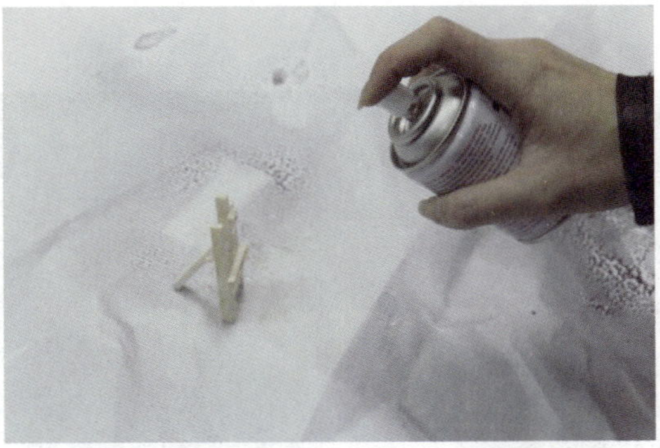

图 5-282　喷米白色的漆后画架的最终效果

工作室的最终效果如图 5-283 所示。

图 5-283　固定各部件后工作室的最终效果

7. 次卧和主卧的制作

（1）次卧地面的制作（图 5-284 ～图 5-287）

以亚克力板为主材制作次卧的地面、床模型

图 5-284　准备比床的尺寸宽 2cm 的 KT 板一块和一张木纹贴纸

图 5-285　正中间粘贴，四个角各剪去一个小长方形

图 5-286　利用桌面把包边粘贴好

图 5-287 次卧地面的最终效果

图 5-291 四个角各剪去一个小方块

(2)次卧床的制作(图 5-288 ~图 5-295)

图 5-288 将棉花粘贴到模型床板上

图 5-292 里面涂胶水并用镊子辅助往里粘贴

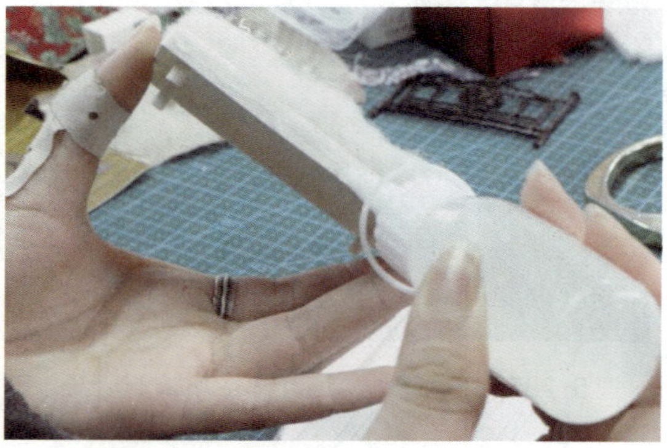

图 5-289 床板四个边涂上胶水

图 5-293 床垫制作完成

图 5-290 整齐地粘贴上布

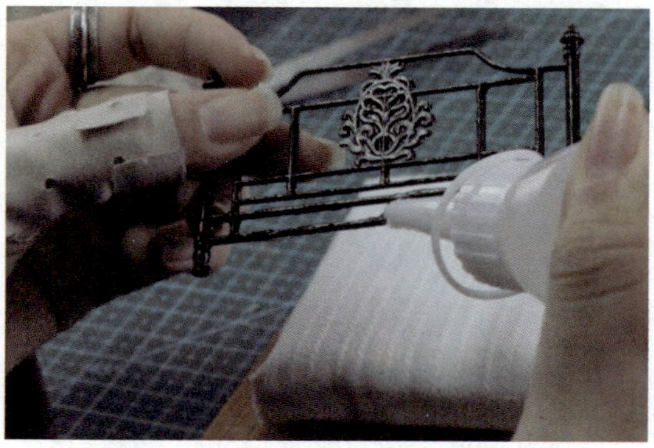

图 5-294 模型架喷漆并粘贴在床头

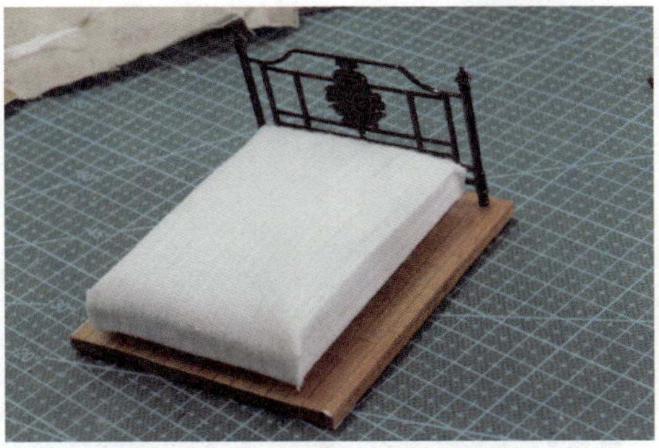

图 5-295 次卧床最终效果

(3) 次卧被子的制作(图 5-296 ~图 5-305)

以亚克力板为主材制作次卧的被子、枕头模型

图 5-296 从旧衣服上剪下一块长方形布,留出包边的尺寸和被头翻过来的尺寸

图 5-297 长方形布的长边涂胶水

图 5-298 往里面粘贴

图 5-299 制作成一个布袋的形状

图 5-300 往布袋里面塞棉花,注意不要塞太多

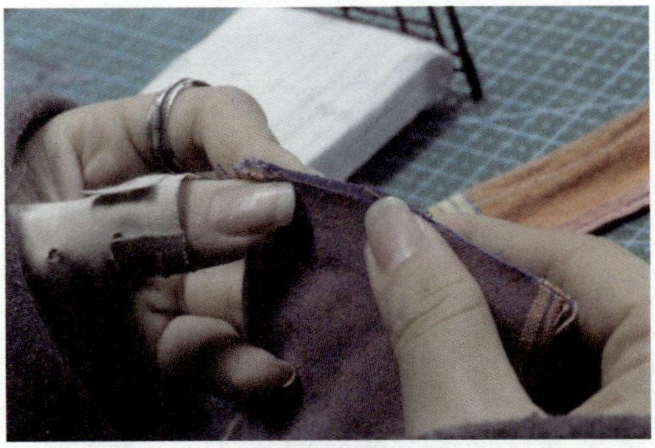

图 5-301 涂胶水封口

图 5-302 在封口外面继续涂胶水

图 5-303 剪一块带加边的布粘贴在封口上

图 5-304 翻过来粘贴，做出被子翻过来的效果，并粘贴到床上

图 5-305 次卧床上被子的最终效果

（4）次卧枕头的制作（图 5-306 ~图 5-314）

图 5-306 准备好制作枕头的材料，其中枕头布要留出包边的尺寸

图 5-307 枕头布的长边涂胶水

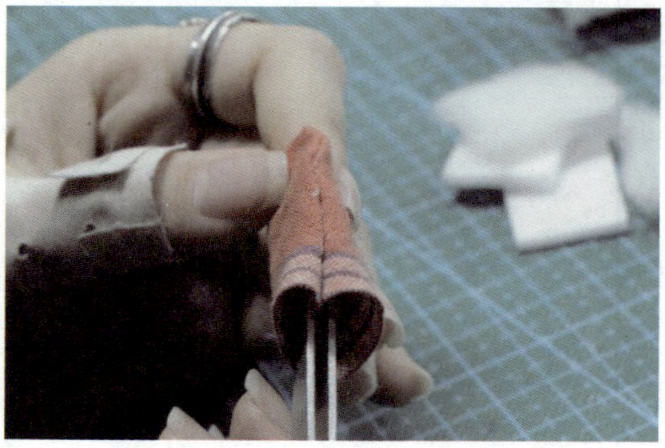

图 5-308 用镊子往里面粘贴

图 5-309 粘贴完成

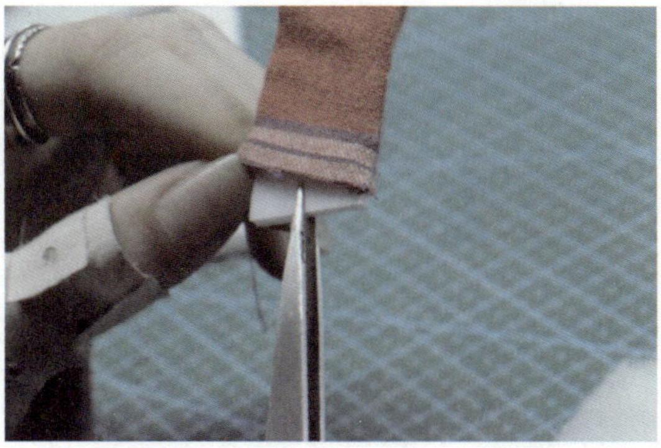

图 5-310 将 KT 板放入，使枕头更有形

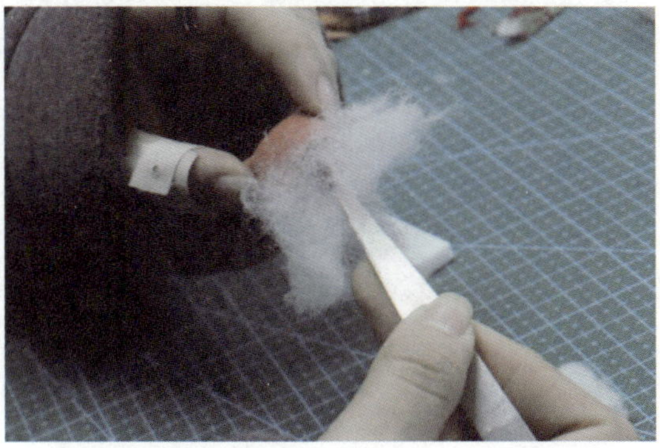

图 5-311 往里面塞棉花，注意不要塞太多

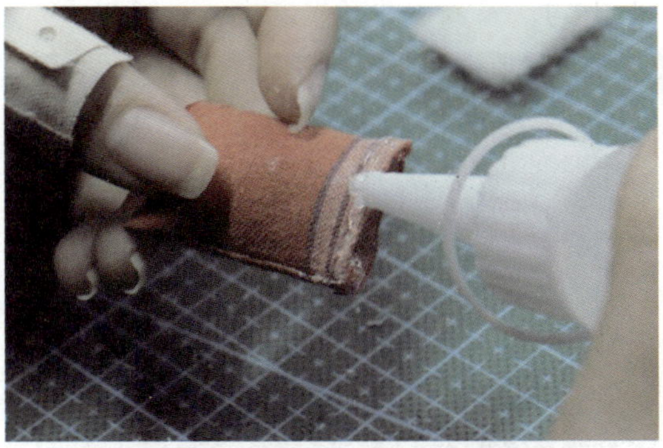

图 5-312 涂上胶水

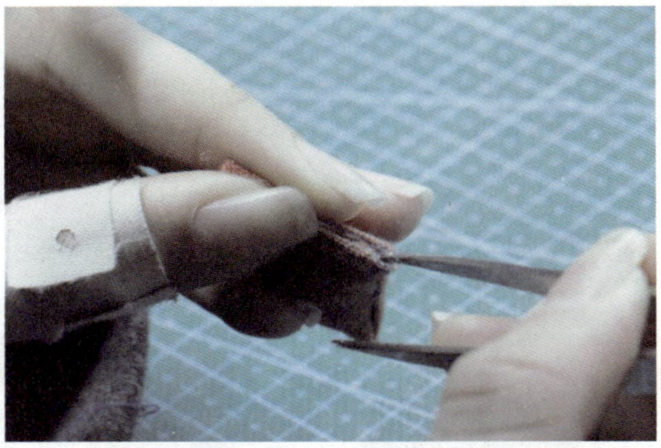

图 5-313 将有胶水的面往里粘贴

图 5-314 枕头的最终效果

（5）次卧床头柜的制作（图 5-315 ～图 5-322）

以亚克力板为主材
制作次卧床头柜和
主次卧飘窗模型

图 5-315 切割两块与木块一样大小的 KT 板

图 5-316 用印花布包上一块 KT 板和木块

图 5-317 四面粘贴

图 5-318 对折粘贴

图 5-319 用印花布包上另一块 KT 板

图 5-320 粘贴四个面

图 5-321 剪去多余部分

图 5-322 床头柜的最终效果

（6）次卧和主卧飘窗的制作（图 5-323 ～ 图 5-331）

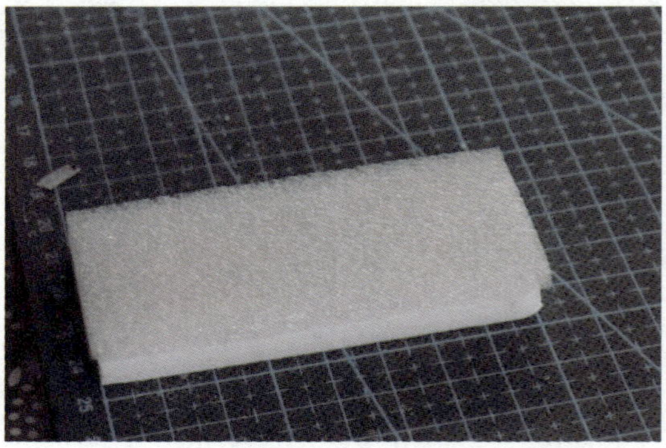

图 5-323 准备飘窗坐垫：KT 板两块和硬泡沫两块

图 5-324 按房间的颜色配色并包上布

图 5-325　切割好坐垫下面的四条长边和四条宽边

图 5-326　将边轻切，做图案

图 5-327　将做好的图案进行喷漆

图 5-328　长边头尾各切一个 0.5cm 宽的口并保留底面

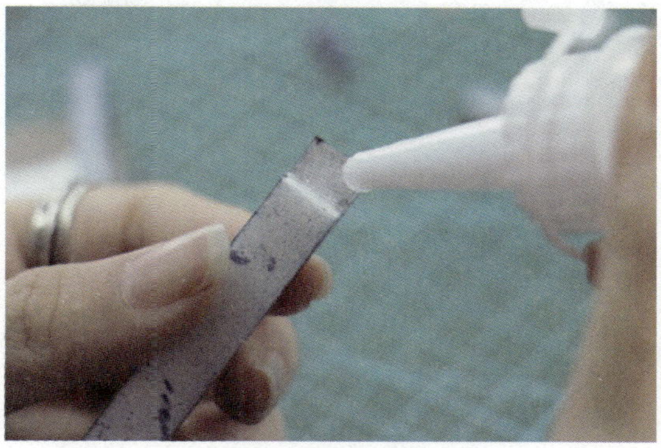

图 5-329　涂上胶水

图 5-330　将四个边进行粘贴

图 5-331　飘窗的最终效果

（7）主卧床的制作（图 5-332 ～图 5-343）

以亚克力板
为主材制作
主卧床模型

图 5-332 硬泡沫和 KT 板层叠放置并用白色的布包裹粘贴成床垫

图 5-333 粘贴完成后放在一边晾干

图 5-334 均匀地在床垫底部涂抹上酒精胶

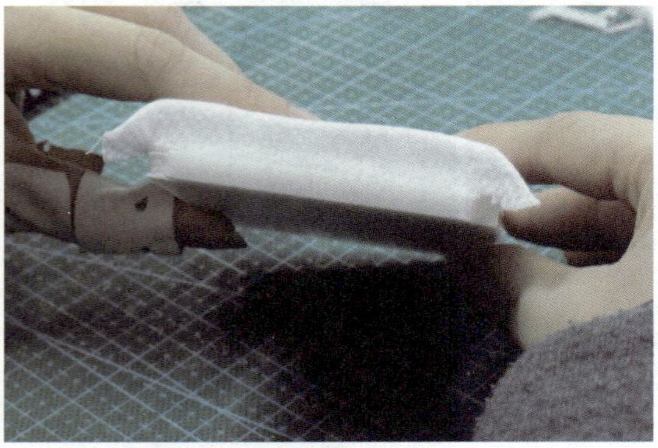

图 5-335 再粘贴一块 KT 板

图 5-336 包花边并用镊子做出褶皱

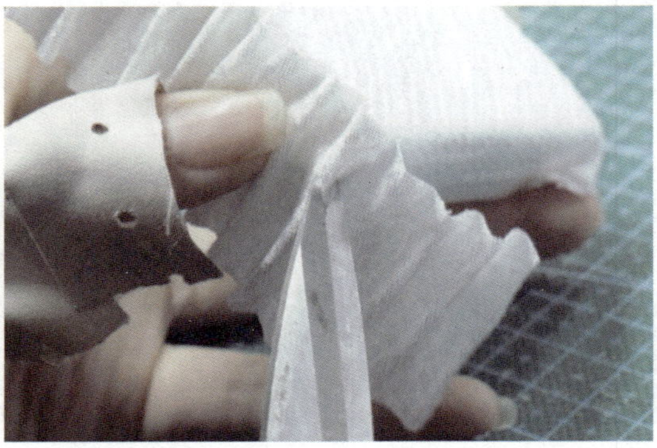

图 5-337 床尾左右各剪一刀，床头不用包

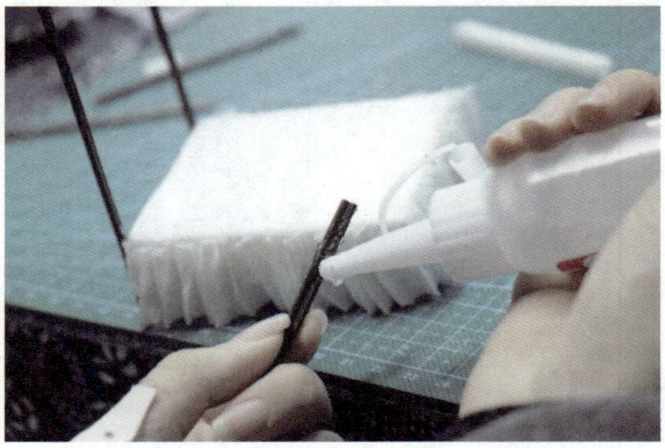

图 5-338 框架是用吸管做的，胶水要多涂一点

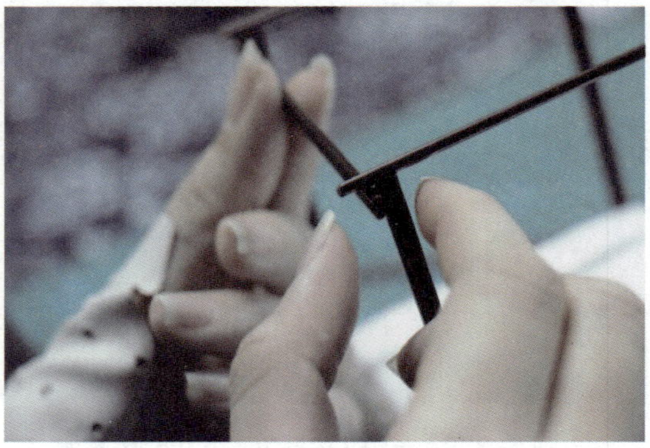

图 5-339 各框架之间粘贴牢固

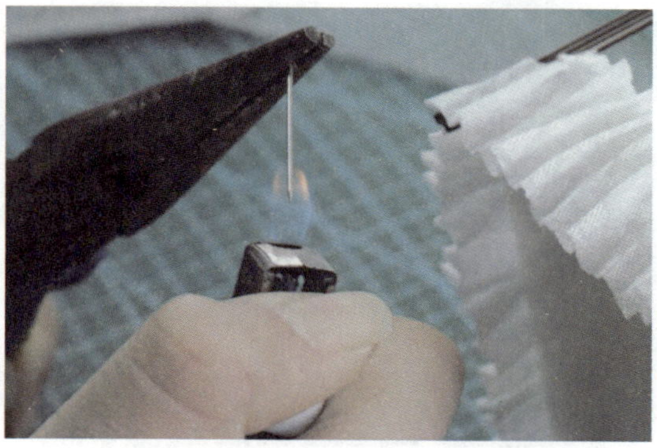

图 5-340　将大头针插入框架接口处固定

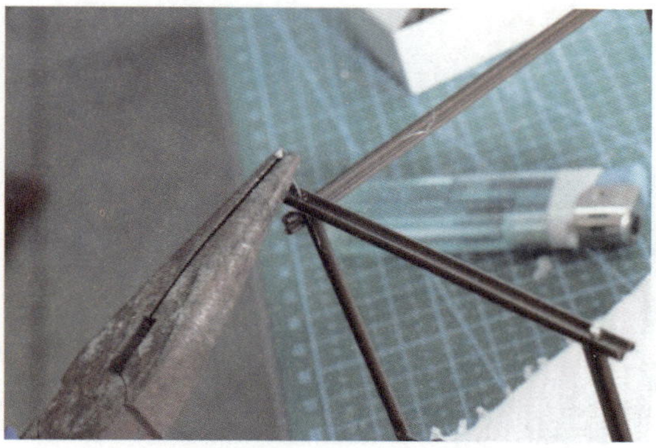

图 5-341　将大头针插入床脚处固定

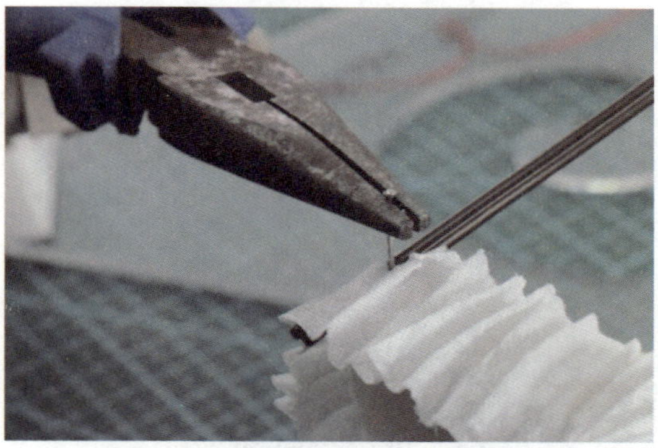

图 5-342　将大头针烧红

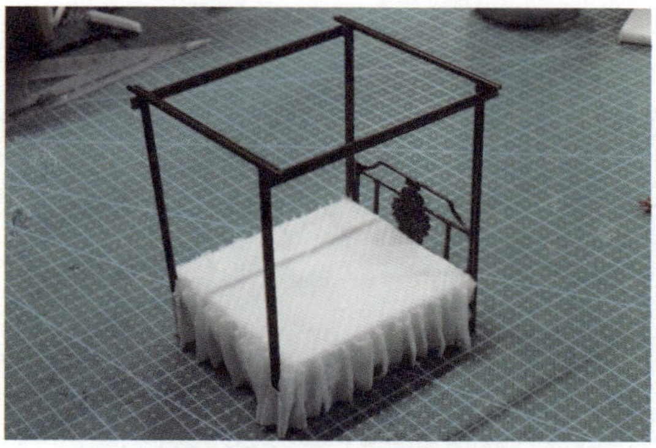

图 5-343　主卧床的最终效果

（8）主卧被子的制作（图 5-344 ~图 5-354）

以亚克力板
为主材制作
主卧被子模型

图 5-344　准备好制作被子的材料

图 5-345　在被子相对漂亮的面上涂胶水并留口

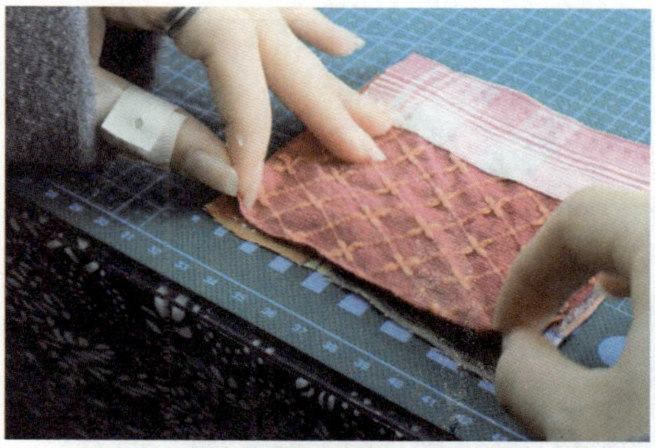

图 5-346　胶水涂完贴紧，留口塞棉花

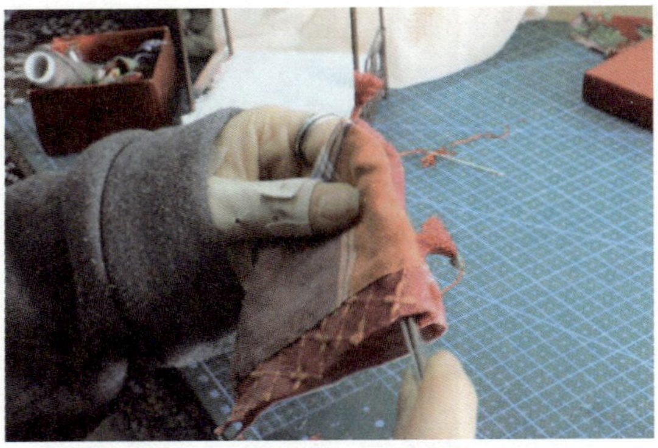

图 5-347 将被子漂亮的面从里面外翻出来

图 5-348 整理被角

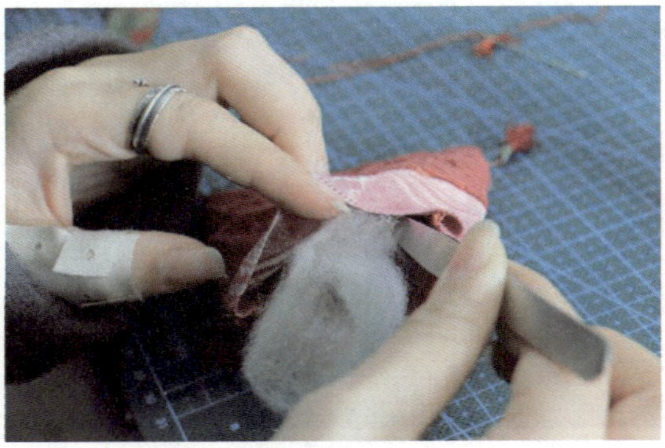

图 5-349 将棉花平整地塞入被子里面并理平

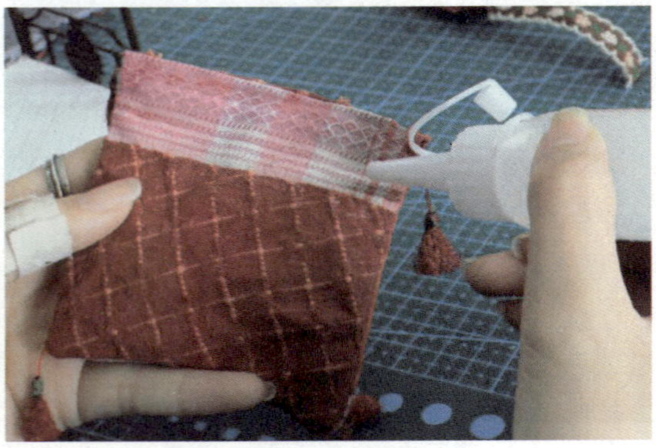

图 5-350 涂胶水封口

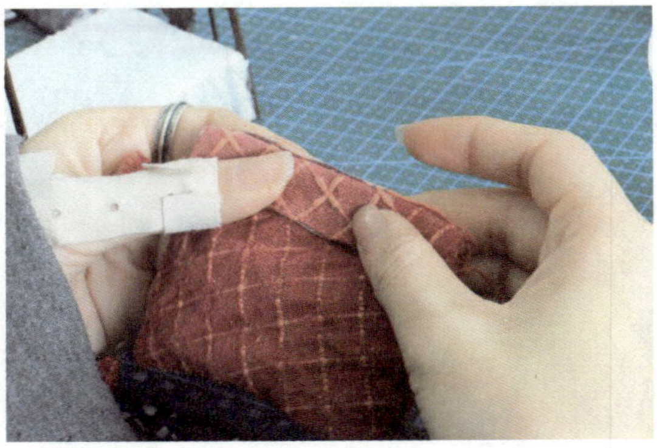

图 5-351 用力按压使其粘贴牢固

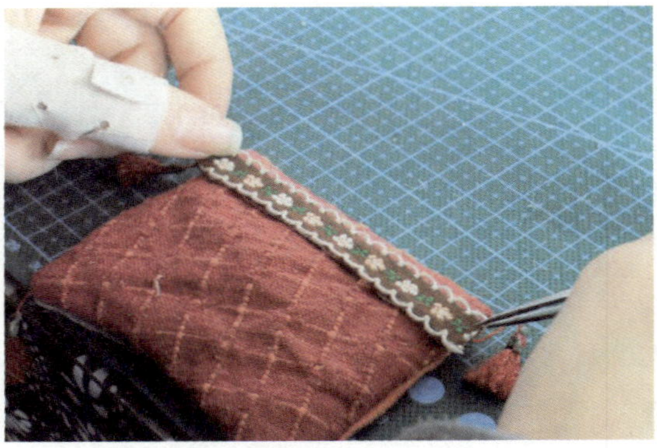

图 5-352 在封口处粘贴上花边进行装饰

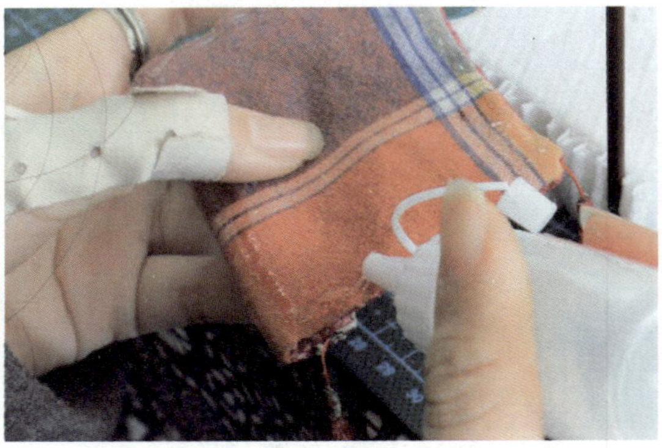

图 5-353 背面涂上胶水粘贴到床上

图 5-354 主卧床上被子的最终效果

（9）次卧床飘纱的制作（图 5-355 ~图 5-357）

以亚克力板为主材制作次卧床飘纱、主卧床头柜模型

图 5-355　将黑纱和白色蕾丝粘贴在一起

图 5-356　床框架飘纱的最终效果

图 5-357　将飘纱粘贴到框架上，做几个枕头粘贴到床上

（10）主卧床头柜的制作（图 5-358 ~图 5-364）

图 5-358　切割好床头柜的尺寸

图 5-359　在床头柜柜面上做一些图案

图 5-360　将要粘贴的地方切去 0.5cm，要留面

图 5-361　粘贴组合成床头柜

图 5-362　粘贴上桌脚

图 5-363　对床头柜先喷绿色再喷紫色制成做旧的效果

图 5-364　粘贴上把手，床头柜制作完成

（11）主卧衣柜的制作（图 5-365～图 5-375）

以亚克力板
为主材制作
主卧衣柜、
香水瓶模型

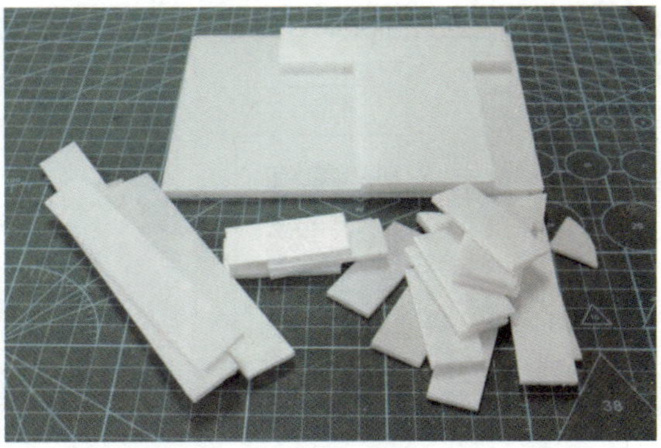

图 5-365　将衣柜的尺寸按图纸比例切割好

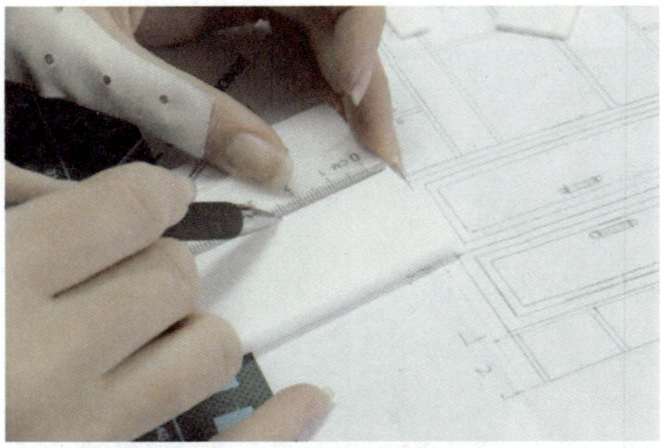

图 5-366　用空芯油性笔画出衣柜门图案

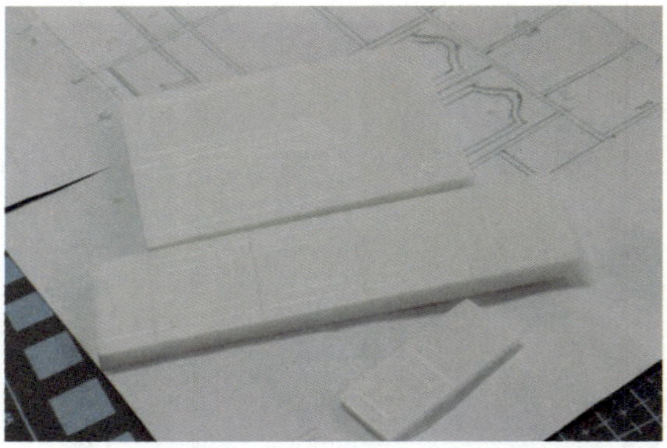

图 5-367　画好的衣柜门

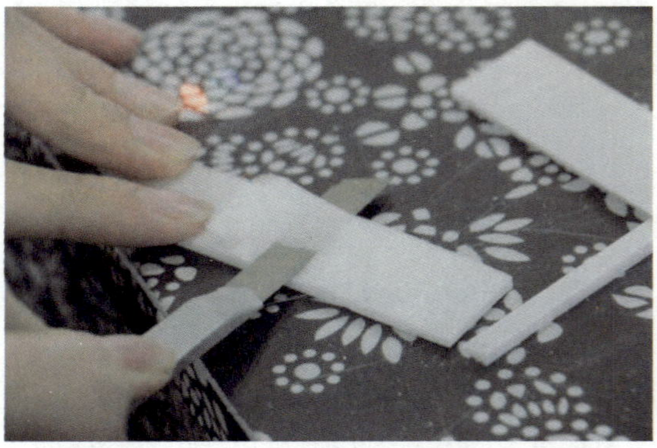

图 5-368　有的地方需要用刀削薄一些

图 5-369　将衣柜零件粘贴组装

图 5-370　衣柜背面装饰

图 5-371　喷上红色作为底色并晾干

图 5-372　再喷紫色

图 5-373　晾干后，可废物利用将链子的环用来当把手

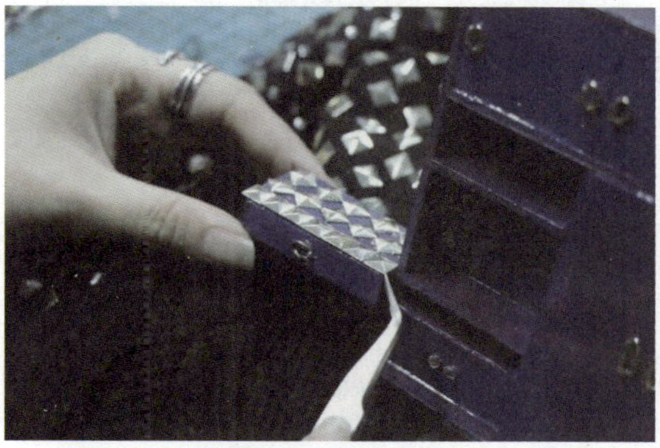

图 5-374　用衣服上的铆钉装饰桌面

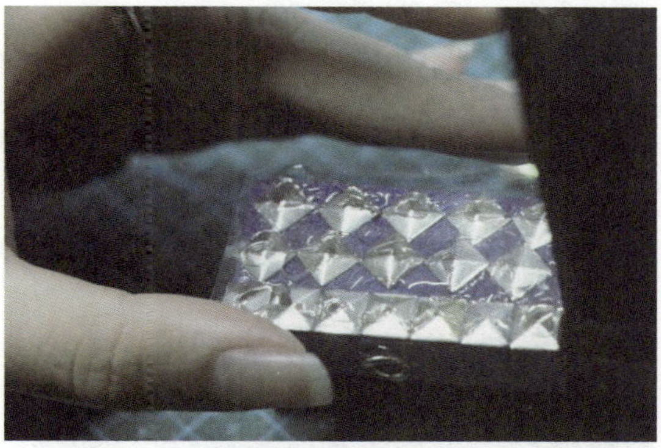

图 5-375　把透明薄板粘贴到铆钉上做成玻璃并将多余部分剪去

（12）香水瓶的制作（图 5-376、图 5-377）

图 5-376　珠子上粘贴一个长珠

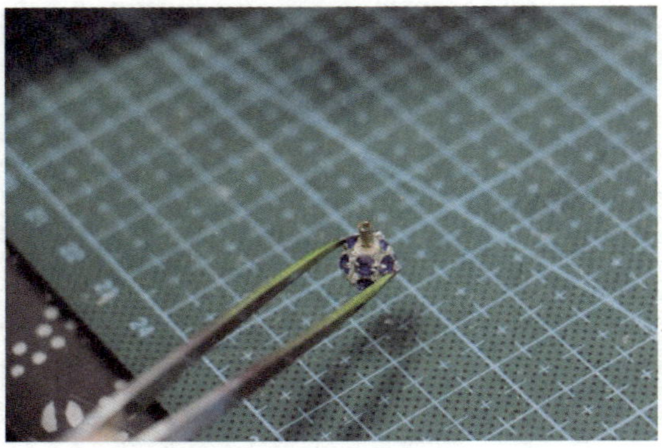

图 5-377　香水瓶制作完成

（13）梳妆镜和梳妆椅的制作（图 5-378 ~ 图 5-386）

以亚克力板为主材制作梳妆镜、梳妆椅和主卧电视机模型

图 5-378　将裁好的镜片打磨一下

图 5-379　装饰镜片

图 5-380　将亚克力板喷漆做旧并切割

图 5-381　掰断的时候用一块布隔着，以防喷漆掉色

图 5-382　将边角打磨

图 5-383　打磨好一块长的和两块短的亚克力板

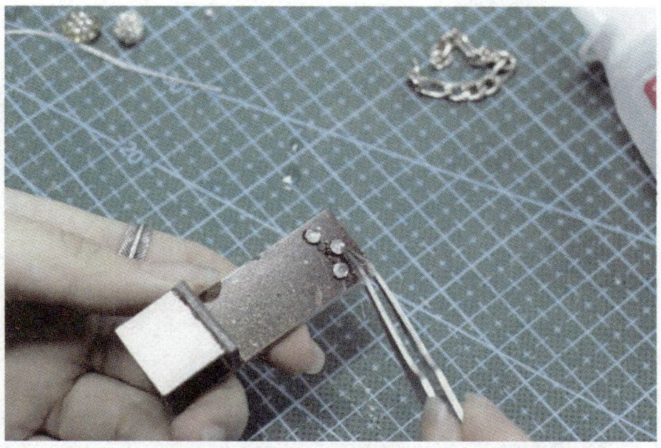

图 5-384 粘贴钻进行点缀装饰

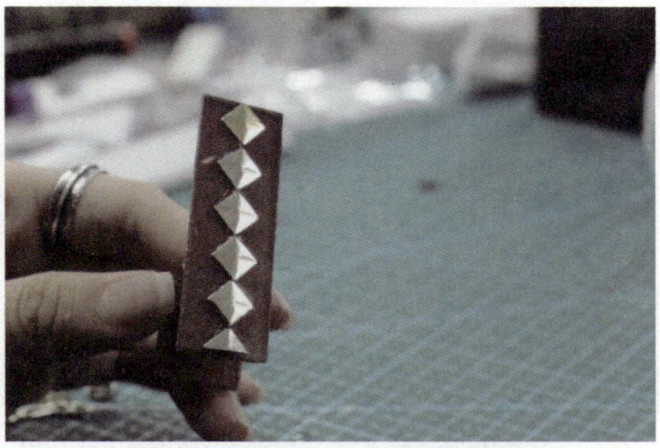

图 5-385 梳妆椅背面用铆钉进行装饰

图 5-386 梳妆椅制作完成

图 5-388 将图片剪下后，粘贴到电视机上再粘贴一层薄膜

图 5-389 将电视机粘贴在衣柜上并装饰一些摆件

图 5-390 电视机的最终效果

（14）主卧电视机的制作（图 5-387 ～图 5-391）

图 5-387 主卧电视机的制作方法和客厅电视机一样，只是加了图片

图 5-391 衣柜的最终效果

次卧和主卧的最终效果如图 5-392 和图 5-393 所示。

图 5-392　固定各部件后次卧的最终效果

图 5-393　固定各部件后主卧的最终效果

8. 卫生间陈设的制作（图 5-394 ～图 5-409）

以亚克力板为主材制作卫生间陈设模型

图 5-394　对卫生间镜片进行简单装饰

图 5-395　镜子的最终效果

图 5-396　洗手台台面正面斜切

图 5-397　切割洗手台柜门并画上图案

图 5-398　将台面、门板喷漆

图 5-399　台面粘贴装饰品并将多余部分剪去

图 5-400　将大头针折弯做成水龙头

图 5-401　把花托当洗手盆粘贴在台面上

图 5-402　把方形绿色透明装饰珠当作抽纸盒，同时剪一小张纸巾贴在装饰珠的缝隙里当作抽纸

图 5-403　将抽纸粘贴在洗手台上

图 5-404　可用花瓶装饰，露出来的台面边缘用印花布包边

图 5-405　粘贴门板

图 5-406　把多余的包边剪掉

图 5-407 洗手台的最终效果

图 5-408 将洗手台固定

图 5-409 固定网购的模型马桶

9. 家具的摆设（图 5-410 ~图 5-420）

以亚克力板为主材的室内模型家具的摆设

图 5-410 固定飘窗

图 5-411 固定好飘窗再粘贴亚克力板

图 5-412 用手固定片刻

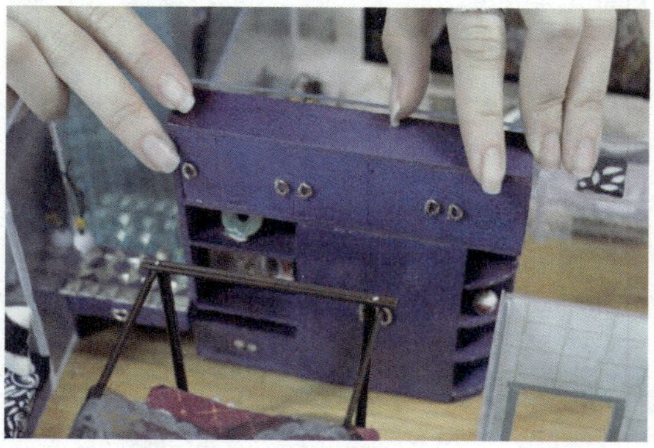

图 5-413 固定衣柜

图 5-414　固定梳妆椅

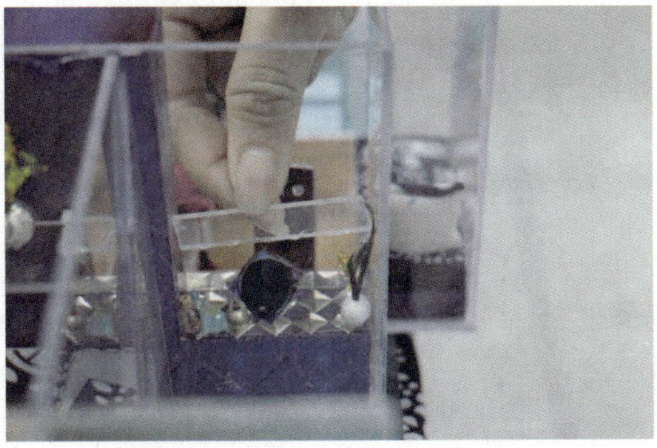

图 5-415　亚克力板粘贴做成置物架

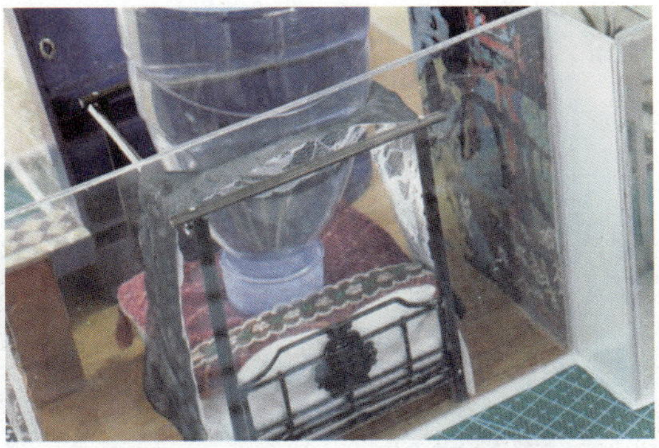

图 5-416　固定主卧床并用重物按压

图 5-417　固定床头柜

图 5-418　固定亚克力小条当作门框

图 5-419　固定花瓶

图 5-420　亚克力模型效果　赵舒恒　指导教师：薛丽芳

项目6 室内模型观赏罩的装饰设计与制作

项目概述

观赏罩的作用是方便观赏、防尘、防变形和损坏，要求美观、结实、耐用。观赏罩的制作在室内模型设计与制作中是重要的工作之一。观赏罩完工后，即可进行拍摄和汇报材料制作。

知识目标

- 掌握室内模型观赏罩罩体的设计与制作技巧。
- 掌握室内模型观赏罩的底盘结构设计。

室内模型观赏罩的装饰设计与制作

能力目标

- 能使用钩刀等工具材料设计制作亚克力观赏罩罩体。
- 能使用不同的工具材料设计制作观赏罩底座支撑件及底盘装饰。

素质目标

- 本项目通过运用亚克力板材制作一个透明的模型观赏罩，培养学生从不同角度、不同方向观察事物本质，从全面、发展的角度分析和处理问题，形成科学的方法论。
- 通过认识事物的优缺点，引导学生互相取长补短，团结友爱。

6.1 室内模型观赏罩罩体的制作

模型制作完成之后，为了防止灰尘污染，同时能够长期更好地保存模型，可用透明亚克力板制作一个观赏罩。小一点的室内模型一般用厚度为3mm左右的亚克力板制作观赏罩，大一点的模型需要用厚度为5mm左右的亚克力板制作观赏罩。

1）首先根据模型的大小，在亚克力板上画出比模型四周多出约10cm的尺寸，然后用钩刀在亚克力板上切割需要的尺寸，使用钩刀时要注意安全，如图6-1所示。

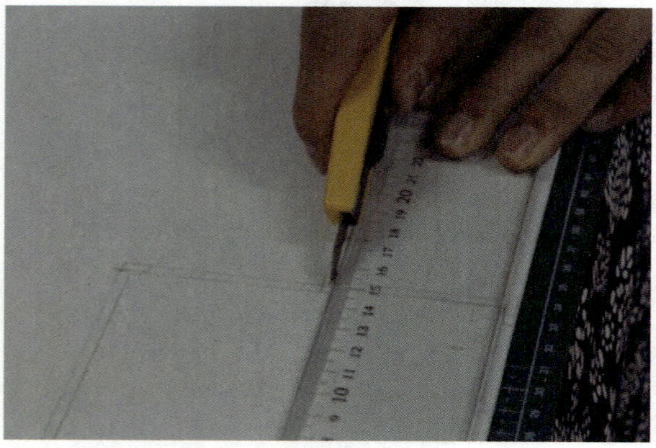

图6-1 用钩刀在亚克力板上切割观赏罩的尺寸

2）亚克力板切割后，切面的不光滑会给后期墙体粘合带来阻碍，所以需要用砂纸打磨切面。由于切面粗糙，因此要注意安全，带好防护手套，如图6-2所示。

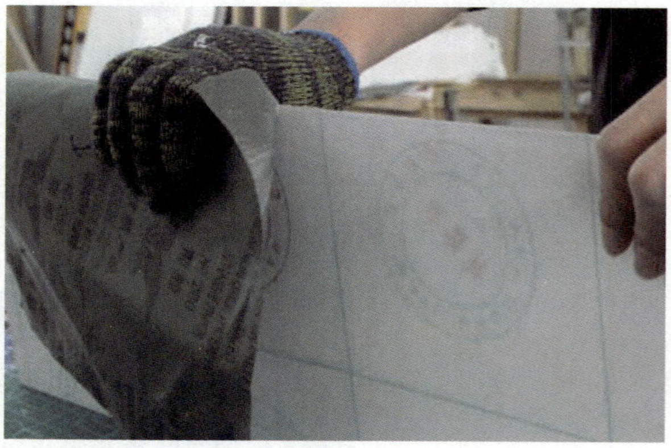

图6-2 打磨切割后的亚克力板切面

3）亚克力板打磨完成后先要用干净的布擦拭灰尘，然后用酒精胶在亚克力板的切面上涂抹均匀，如图6-3所示。亚克力板可以用瓶子或者颜料桶等物体来固定粘合。如图6-4所示，把瓶子摆放成“W”形辅助固定。在固定过程中，用酒精胶再次粘贴（图6-5）。

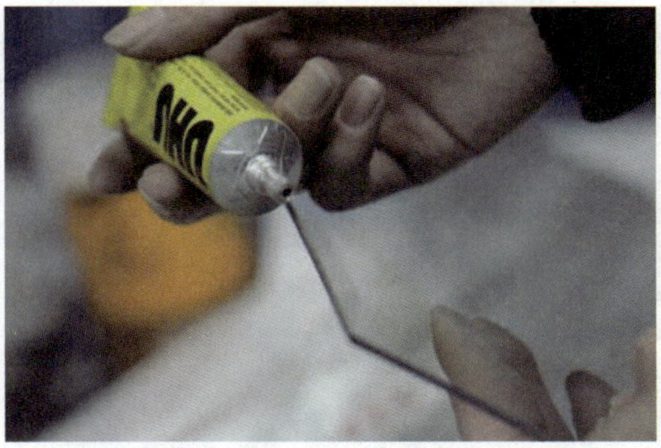

图 6-3　用酒精胶在亚克力板切面上涂抹均匀

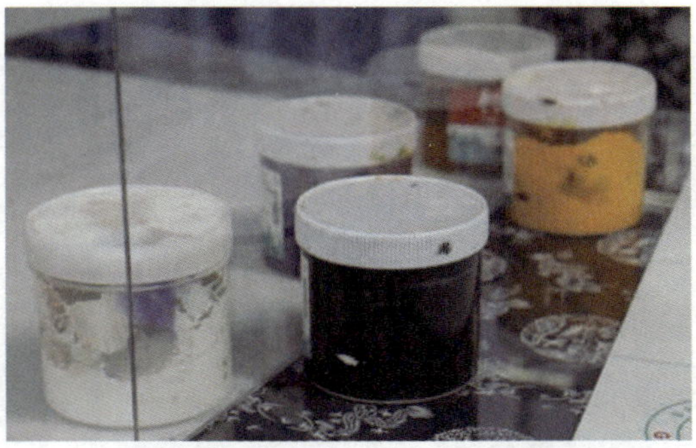

图 6-4　把瓶子摆放成“W”形辅助固定

图 6-5　用酒精胶再次粘贴

4）等到初次固定的胶水稍微凝固后，使用玻璃胶在粘合处进行二次固定，使整个模型观赏罩更加稳固。注意每一个粘合面都需要打玻璃胶，如图 6-6 所示。观赏罩完成后效果如图 6-7 所示。

图 6-6　玻璃胶在粘合处进行二次固定

图 6-7　观赏罩完成后效果

6.2　室内模型观赏罩底座的制作

1）根据观赏罩罩体的尺寸大小，用锯子裁出四根相应尺寸的木条（图 6-8），并在木条两端切斜角（图 6-9），裁切时要特别注意尺寸，因为刀口也有一定的厚度，切勿出现误差。

图 6-8　用锯子裁出相应尺寸的木条

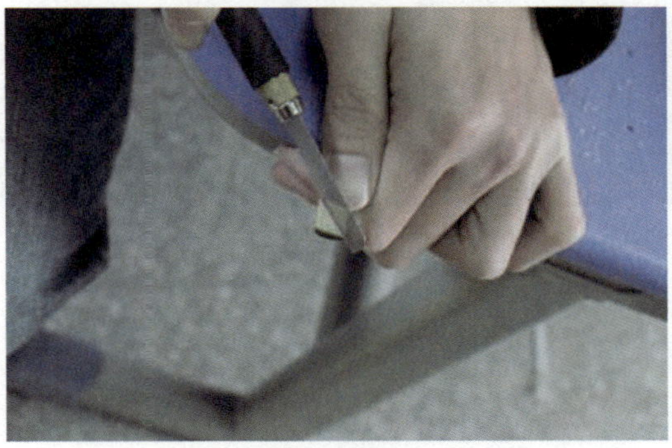

图 6-9　在木条两端切斜角

2）用钉枪将四根木条钉成方框（图 6-10），在方框中间再钉一根木条，使整个方框呈日字形（图 6-11），作为观赏罩底座的固定框架。为了使底座框架更加牢固，可以在两个主干之间再固定一根木条形成三角形，如图 6-12 所示。

图 6-10 用钉枪将四根木条钉成方框

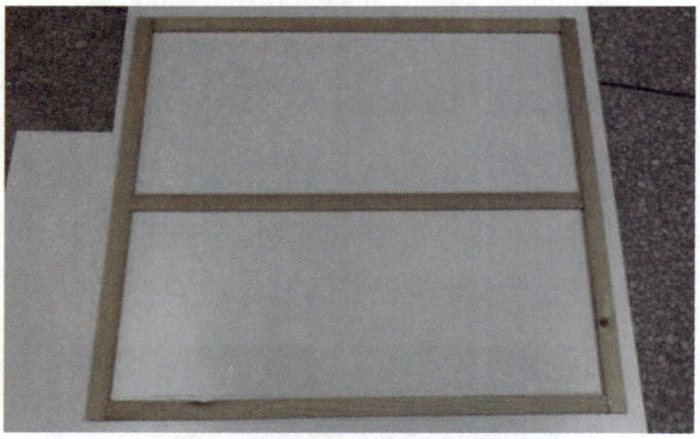

图 6-11 底座固定框

图 6-12 用钉枪钉成三角形加固

3）根据底座框架的大小尺寸，在1cm宽的半圆形装饰条上做记号，然后用小锯刀轻轻地锯出四根装饰条，用红笔在装饰条两端做斜角线记号，再用小锯刀锯掉多余斜角。四根装饰线条全部锯好后并排放在一起，用模型喷漆喷成银灰色备用（图6-13～图6-17）。

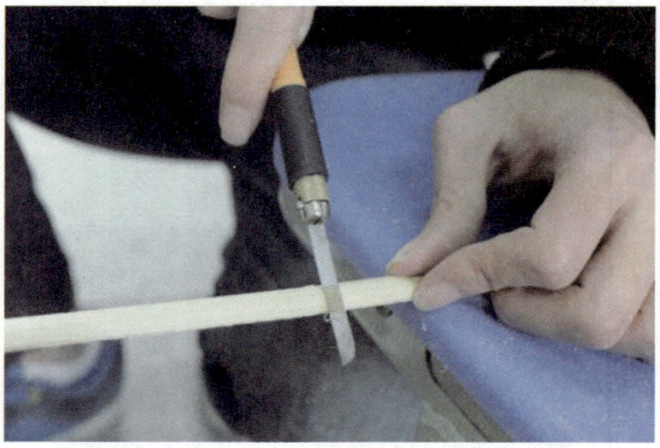

图 6-13 用小锯刀轻轻地锯出四根装饰条

图 6-14 用红笔在装饰条两端做斜角线记号

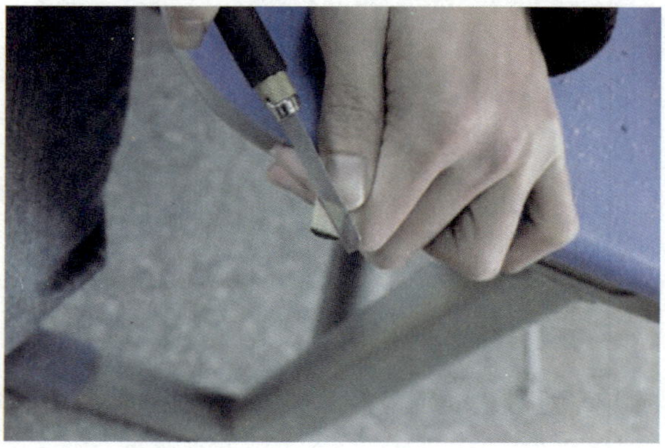

图 6-15 用小锯刀锯掉多余斜角

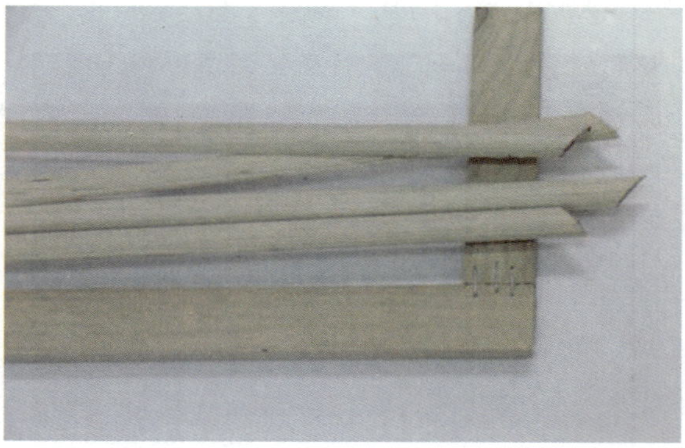

图 6-16 锯好的四根装饰条

图 6-17　用模型喷漆将装饰条喷成银灰色

图 6-20　用小块的 KT 板轻轻向后边推边拉开粘贴纸

4）根据底盘的大小尺寸，裁剪一张同等大小的灰色广告纸平铺在底盘上，拉开粘贴纸对准底盘的一个角，用小块的 KT 板轻轻向后边推边拉开粘贴纸，直至铺平整个底盘（图 6-18 ～图 6-20）。也可以裁剪一张同等大小的草坪纸，拉开粘贴纸对准底盘的一个角，用滚筒滚平，如图 6-21 和图 6-22 所示。

图 6-21　用滚筒滚平草坪纸

图 6-18　裁剪灰色广告纸

图 6-22　草坪纸粘贴效果

图 6-19　拉开粘贴纸

5）用玻璃胶将四根装饰条固定在模型观赏罩的底盘上，用小号描笔调出银色修饰接口处喷漆不均匀的地方，最后把透明观赏罩体盖在底座上，一个手工自制的模型观赏罩就完成了（图 6-23 ～图 6-29）。

图 6-23　用玻璃胶将四根装饰条固定在底盘上

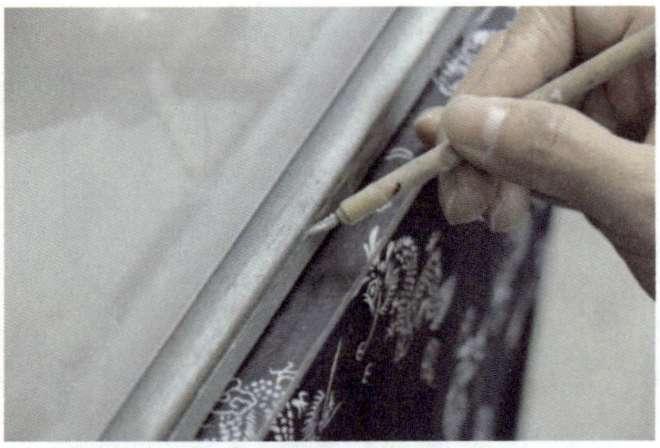

图 6-24　用小号描笔调出银色修饰接口处

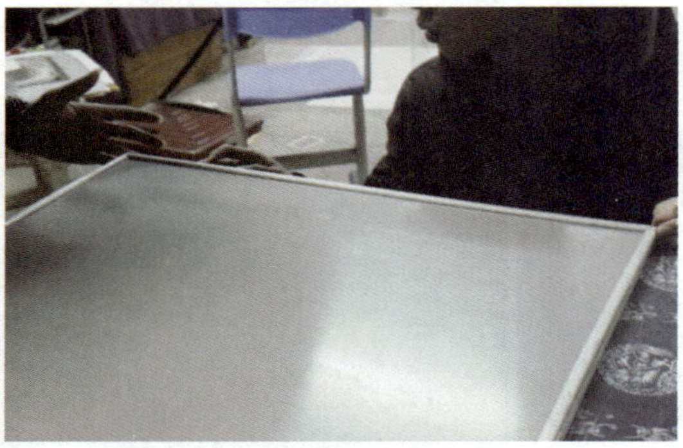

图 6-25　底盘最终效果

图 6-26　将透明观赏罩体盖在底座上

图 6-27　以灰色广告纸为底盘的观赏罩效果

图 6-28　也可以铺绿色草坪作为底盘

图 6-29　以草坪为底盘的观赏罩效果

模块 3　室内模型作品的拍摄与赏析

项目 7　室内模型作品的拍摄

室内模型作品的拍摄

项目概述

如何将拍摄的模型，通过图片、视频制作，变成可以永久存放的信息资料，是必须掌握的重要技能。

知识目标

- 掌握专业相机与手机的拍摄技巧。
- 掌握补光、角度等基础拍摄技巧。
- 掌握图像基本处理技巧。

能力目标

- 能利用手机或专业相机对模型作品进行拍摄。
- 能根据模型作品的造型特点选取合适的角度进行拍摄。
- 能借用道具对拍摄的模型进行补光。
- 能对已经拍摄好的模型照片进行整理存档。

素质目标

通过模型拍摄的相关知识点，激励学生发散思维，培养团队协作精神。

7.1　专业数码单反相机拍摄技巧

室内模型是一件立体的、三维的实物，如果长期大规模地保存，需要一定的空间来存放，中途搬动极易毁坏，而且制作模型的材料时间长了容易老化、变形，影响模型的效果。对模型进行拍摄，形成电子文件保存在计算机中或备份在 U 盘里进行长久保存，是目前各大设计院校普遍采用的一种方式。

利用数码单反相机进行模型拍摄是目前较为理想的模型拍摄方式。在相机选用上，选择支持专业的摄影配件，如镜头可更换，支持闪光灯热靴，像素 800 万及以上，支持光圈调节、快门调节的手动模式，可拍摄 RAW 格式的相机，后期可以更精确地调整画面效果。现今市面上所售的很多微单、单电相机也符合以上要求，也可以进行较为专业的模型拍摄。

镜头建议采用放大倍率为 1:1 的微距镜头，这样可以更好地拍摄模型的细节。如果没有专业的微距镜头，拍摄模型时的焦距尽量调到 50mm 以上进行拍摄，因为低于 50mm 的焦距拍出的画面很容易变形。另外，在光线允许的情况下，光圈选择 F8 左右最为适宜。ISO 设定在 100 ～ 400 之间，ISO 过高容易产生噪点，影响最终效果。

专业的模型拍摄尽量选择室内影棚，这样可以更好地把握光线的强弱以及色彩的还原。影棚灯光最好配有稳定色温的闪光灯，指数 300W 及以上。使用影棚的闪光灯拍摄时，色温一般设定在 5000 ～ 5500K 之间。影棚拍摄效果如图 7-1 ～图 7-3 所示。

图 7-1　摄影棚拍摄

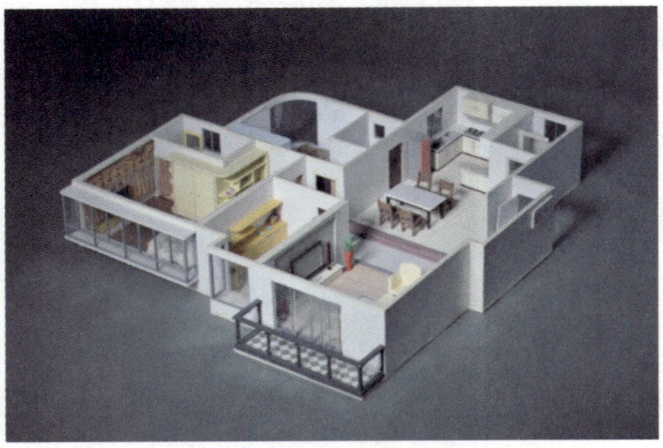

图 7-2　单反相机室内影棚拍摄效果 1　摄影：江泽平

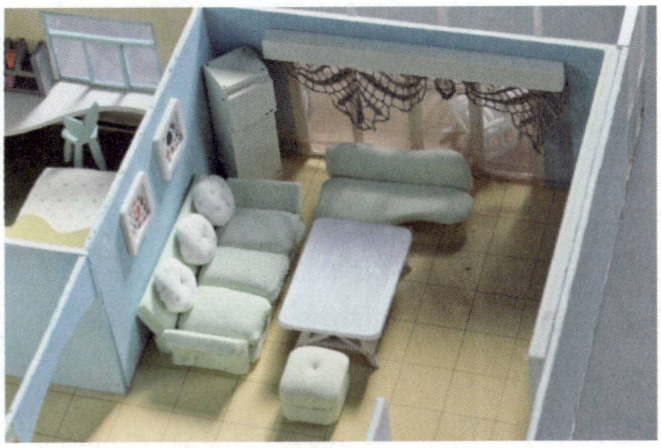

图 7-3　单反相机室内影棚拍摄效果 2　摄影：江泽平

光线的布置要注意确定主光源，在此基础上设置相应的辅助光、背景光以及氛围光等。拍摄过程中要注意各个光线的比例（即“光比”），掌握好光比就可以更好地展现模型中各种材料的质感、体积感和空间感等。

如果模型制作者没有专业的摄影水平，也可以请专业的摄影师进行拍摄，拍摄的过程中要跟摄影师进行适当的沟通，让摄影师更好地理解模型制作的想法，以达到理想的拍摄效果。

7.2　普通数码相机和手机拍摄技巧

利用普通数码相机或手机拍摄模型的步骤如下：

1）首先要了解自己手中的摄影器材。除数码单反相机之外的摄影器材有很多种，微单的很多功能与单反相机类似，可参照专业数码单反相机拍摄技巧操作；普通家用数码相机（或称“卡片机”）的有些功能也类似单反相机，如果有手动模式尽量选择手动模式，以便更精确地掌握画面效果。除此之外，剩下的功能基本上也跟手机拍摄的功能差不多。手机按照系统划分，主要有 IOS 系统手机（苹果手机）和安卓手机两大类（WP 系统的手机拍摄功能大体上与安卓类似）。不论使用哪种摄影器材，建议多看使用说明书，或者上网查找相应的使用技巧，对相机的各项功能和参数有比较详细的了解之后，再进行操作。

2）其次，在拍摄之前应检查器材是否达到最佳的工作状态。很多人在使用手机拍摄时，因为手机经常拿来拿去，后置的摄像头容易沾到指纹或者灰尘，在拍摄之前一定要仔细清理干净，镜头前的任何污渍都会在照片中被无限放大，影响成像。

3）在用 IOS 手机拍摄模型时，要把滤镜和闪光灯关闭，在光比较强烈的环境中要开启 HDR 功能，如果光线较暗，可以按住快门连续拍摄几张，以免因为手抖而产生图片模糊，筛选后再把效果不好的照片删掉。在用安卓手机拍摄模型时，也要关闭滤镜和闪光灯，在光线比较强烈的环境中要开启 HDR 功能（如果有这个功能）；如果光线较暗，可以开启夜景模式，拍摄几张选出画面最佳的一张即可。在很多安卓手机中，可以设置拍摄的像素，理论上讲，拍摄模型时，像素越高越好，这样细节表现更到位。有微距功能的手机在拍摄模型的局部时，可开启微距功能进行更加细致地拍摄。手机拍摄效果如图 7-4 ～图 7-7 所示。

4）在使用数码相机和手机拍摄之前，应当把模型置于简洁干净的背景之中（如铺上黑色或灰色的衬布），以突出要拍摄的模型主体（图 7-8）。

图 7-4 手机拍摄效果 1 摄影：薛星辉

图 7-5 手机拍摄效果 2 摄影：薛星辉

图 7-6 手机拍摄效果 3 摄影：郑彧辰

图 7-7 手机拍摄效果 4 摄影：郑彧辰

图 7-8 拍摄时将模型主体置于衬布之上 摄影：薛丽芳

7.3 摄影光线的正确使用

1. 室内影棚光线的使用

选择专业的室内影棚进行拍摄，可以更精确地按照拍摄者的意图进行布光拍摄，如主光源、辅助光、背景光或者氛围光都可以进行有意境的创作组合，而且可以得到稳定的画面效果。关于影棚中的灯光使用，首先要设置好色温，正确的色温能够更真实地还原物体本身的色彩；如果未能准确设置，可借助白板或者灰板手动调整白平衡（图 7-9）。也可使用 RAW 格式进行拍摄，后期能有调整的空间。模型在室内摄影棚的拍摄效果如图 7-10 和图 7-11 所示。

图 7-9　调试拍摄光源

图 7-10　模型在室内摄影棚的拍摄效果 1　摄影：江泽平

图 7-11　模型在室内摄影棚的拍摄效果 2　摄影：江泽平

图 7-12　模型在室外自然光下的拍摄 1　摄影：薛丽芳

图 7-13　模型在室外自然光下的拍摄 2　摄影：薛丽芳

图 7-14　模型在室外自然光下的拍摄 3　摄影：薛丽芳

2. 自然光的正确使用

如果没有专业的影棚，可以找一个有阳光的午后，这样可以有明确的主光源，可以更好地表现出模型的立体感和空间感。如果是太阳光直射的场景，要注意用白布、白纸对模型暗部进行补光，充当辅助光，让画面中的光线平衡一些。模型在室外自然光下的拍摄如图 7-12 ～图 7-14 所示。

在拍摄一些大的模型，如城市规划模型、园林景观模型、公共空间模型时，因灯光条件有限，可采用自然光拍摄。在阴天或者没有很明确的主光源的环境下拍摄模型时，一定要注意场景的搭配和拍摄角度的选择，要注意画面的色彩关系、空间关系以及图像的质量。

7.4 如何选取更好的拍摄角度

不论采用何种器材拍摄，都要拍出模型理想的整体俯视拍摄效果、局部细节低角度拍摄效果以及模型每个角度的拍摄效果。拍摄整体效果时，一般采用俯拍、四个 45° 倾斜角度以及侧面拍摄等，尽可能完整地把模型的每一个角度都记录下来。拍摄模型局部时，应开启微距功能，多找几个低视角角度，拍出最有质感的画面。

很多数码相机有光学变焦功能，拍摄模型时要把焦距拉远一些，把画面的变形控制在合理的范围内。但是大多数的手机并没有光学变焦的功能，配备的是一枚广角定焦镜头，再好的广角镜头也会有畸变，尤其是物理性质决定的近大远小的透视关系。所以，在用手机拍摄时，要尽量让拍摄对象（模型）处于画面的中心，在取景框边角的地方很容易产生变形，这样拍出的模型就会失真，比例失调。当然，在像素允许的前提下，也可以适当使用数码变焦，或者后期裁剪画面，在透视变形与像素之间取得一个比较理想的平衡点。

项目 8 学生室内模型优秀作品欣赏

学生室内模型优秀作品如图 8-1 ～图 8-32 所示。

图 8-1 室内模型 1 赵舒恒（湄洲湾职业技术学院）指导教师：薛丽芳

图 8-2 尘里城外 傅露婷、余琳琳（湄洲湾职业技术学院）指导教师：薛丽芳

图 8-3 室内模型 2 陈柄林（湄洲湾职业技术学院）指导教师：薛丽芳

图 8-4　**碎旅**　林欣、郭雅美（湄洲湾职业技术学院）**指导教师：**薛丽芳

图 8-5　**室内模型 3**　杨文钦、吴柏林（湄洲湾职业技术学院）**指导教师：**薛丽芳

图 8-6 少即是多 连子垚、何乾蔚（湄洲湾职业技术学院） 指导教师：薛丽芳

图 8-7 室内模型 4 徐玉灵（湄洲湾职业技术学院） 指导教师：薛丽芳

图 8-8 室内模型 5 刘鑫、林会扬（湄洲湾职业技术学院） 指导教师：薛丽芳

图 8-9 中式田园风茶馆 汪玮俊、范昱、陈博（湄洲湾职业技术学院） 指导教师：薛丽芳

图 8-10　**室内模型 6**　黄幼珍、郑锋 （湄洲湾职业技术学院） **指导教师**：薛丽芳

图 8-11　**只此青绿**　陈紫莹、肖靖怡 （湄洲湾职业技术学院） **指导教师**：薛丽芳

图 8-12　菩提　庄凯威、荣鑫静 （湄洲湾职业技术学院） **指导教师：**薛丽芳

图 8-13　室内模型 7　孙云 （湄洲湾职业技术学院） **指导教师：**薛丽芳

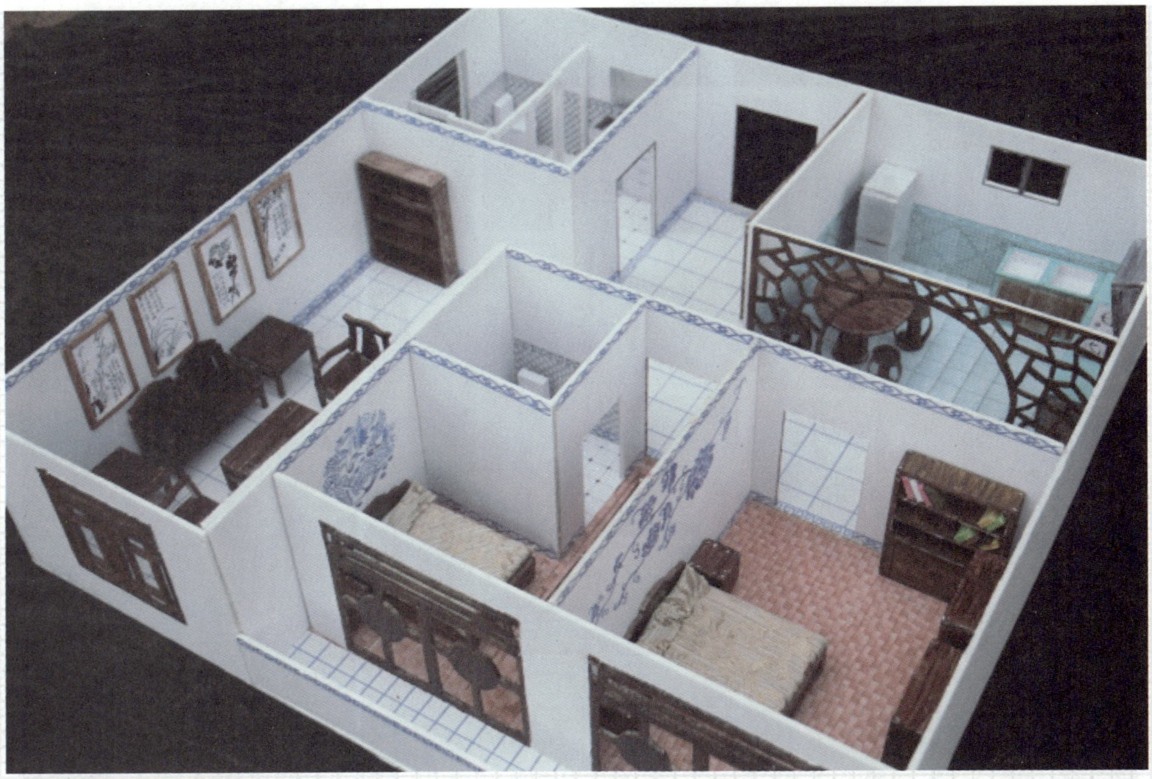

图 8-14 室内模型 8 徐鑫 （湄洲湾职业技术学院） 指导教师：薛丽芳

图 8-15 室内模型 9 陈凯馨、卢燕、谢雨欣 （湄洲湾职业技术学院） 指导教师：薛丽芳

图 8-16 室内模型 10 郑艺恋 （湄洲湾职业技术学院） 指导教师：薛丽芳

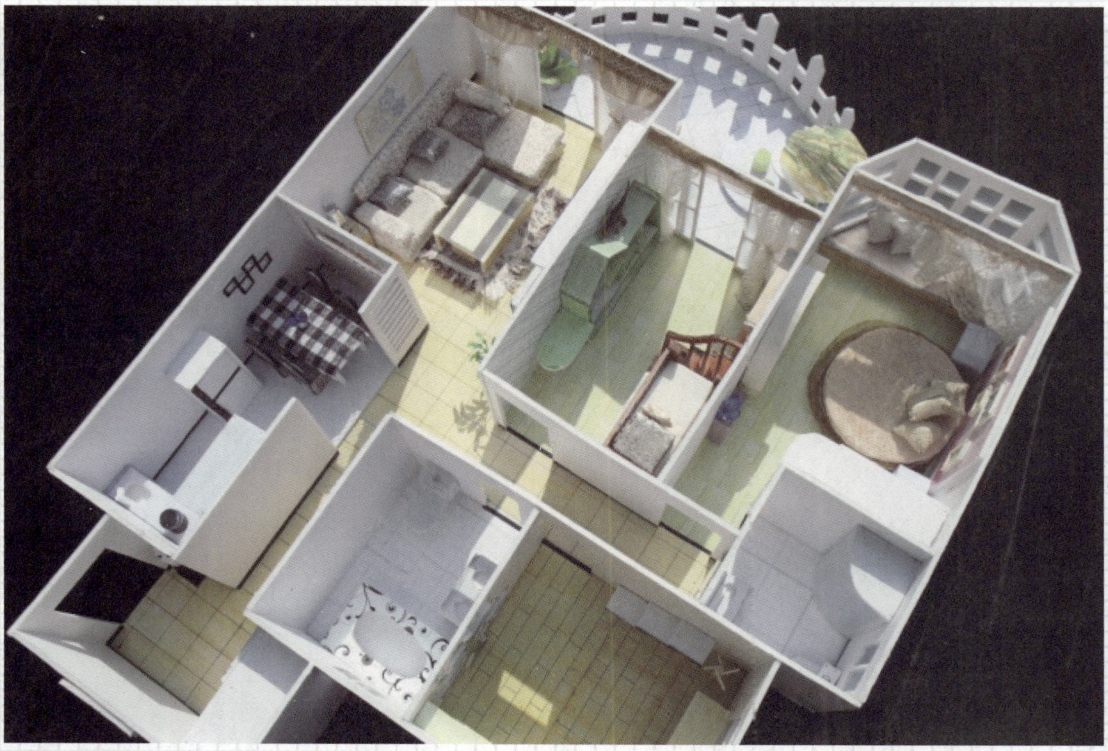

图 8-17 室内模型 11 兰杨娇 （湄洲湾职业技术学院） 指导教师：薛丽芳

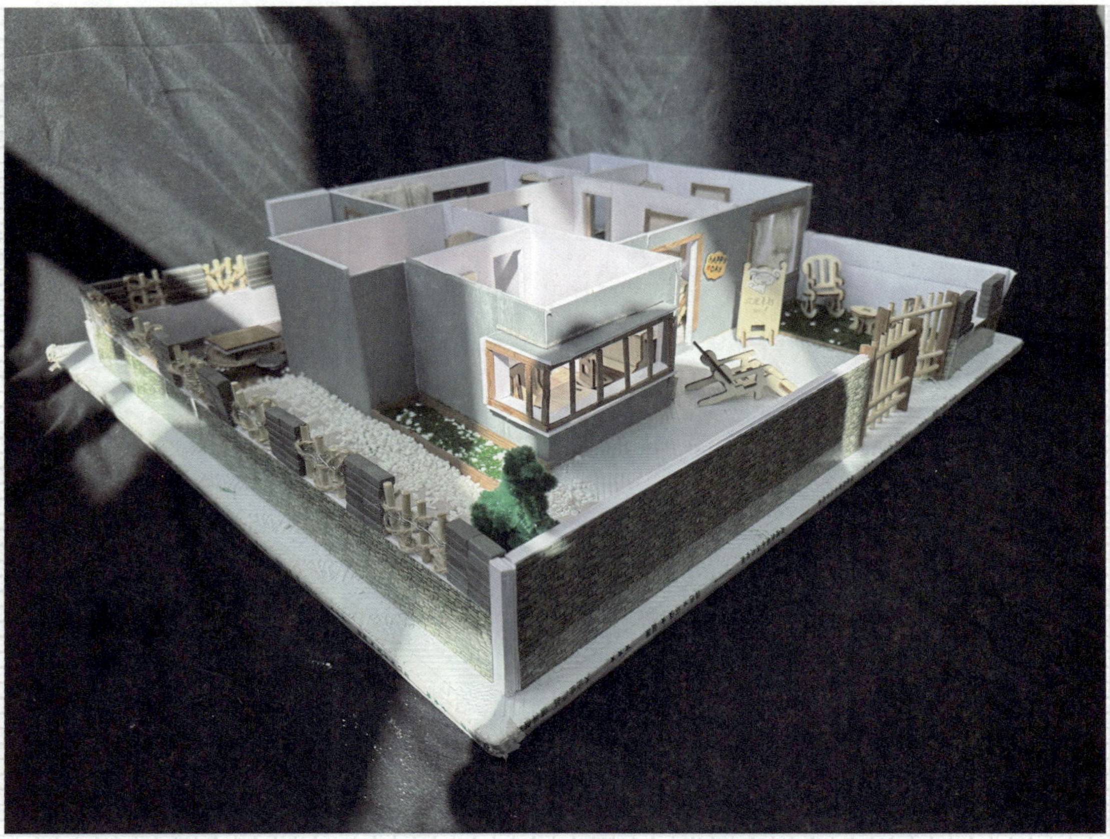

图8-18 **室内模型12** 傅雨萍、黄秋娟、黄雅烽 （湄洲湾职业技术学院） **指导教师：**薛丽芳

图8-19 **室内模型13** 康婉婷 （湄洲湾职业技术学院） **指导教师：**薛丽芳

图 8-20　室内模型 14　姚婉婷（湄洲湾职业技术学院）　指导教师：薛丽芳

图 8-21　室内模型 15　郭欣欣、黄静、柯晨欣（湄洲湾职业技术学院）　指导教师：薛丽芳

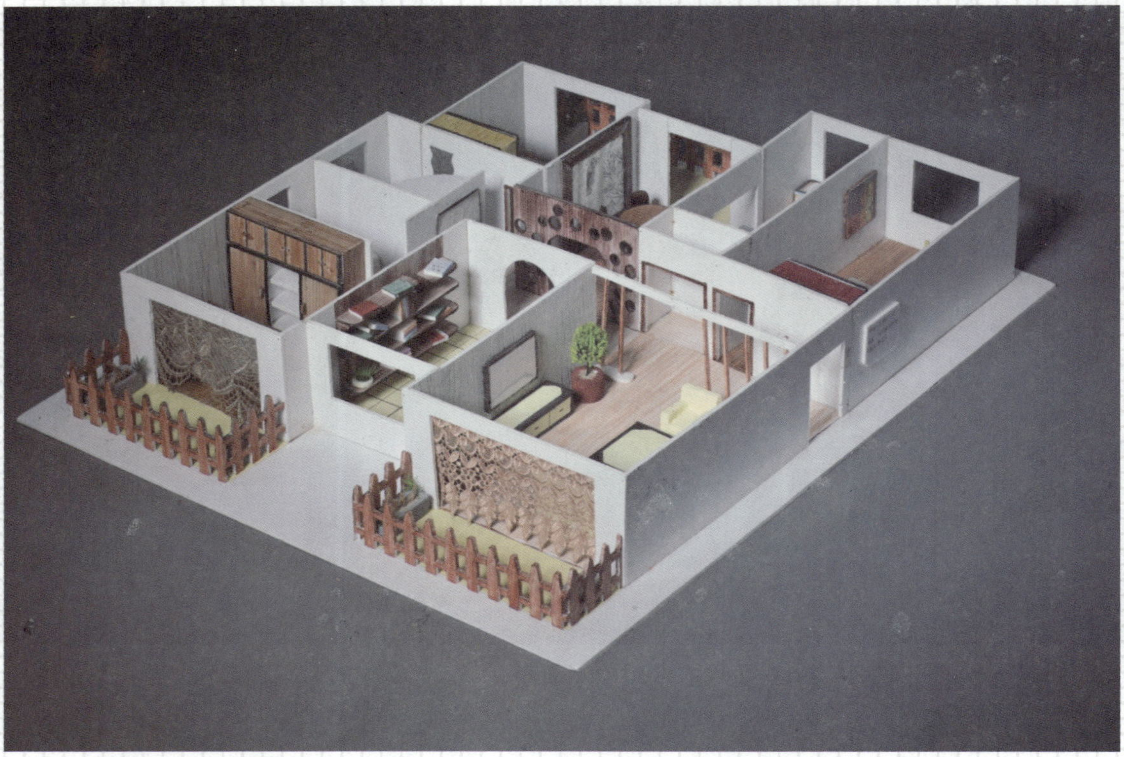

图 8-22 室内模型 16 刘肖榕、胡剑聪 （湄洲湾职业技术学院） **指导教师：薛丽芳**

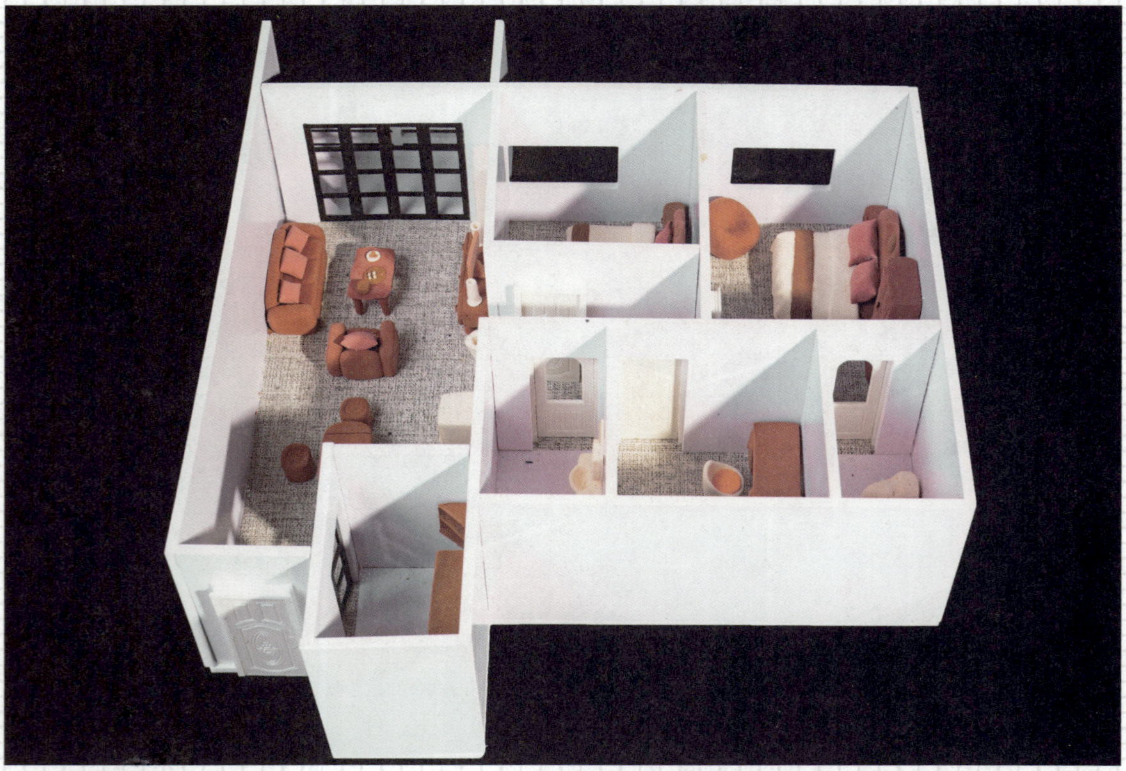

图 8-23 室内模型 17 刘正平 （湄洲湾职业技术学院） **指导教师：薛丽芳**

图 8-24　室内模型 18　肖涵明、林子宸、黄凌山（湄洲湾职业技术学院）指导教师：薛丽芳

图 8-25　山舍　陈剑婷、陈雨楠、黄诗瑶（湄洲湾职业技术学院）指导教师：薛丽芳

图 8-26 **室内模型 19** 李心宇、何恩旭 （湄洲湾职业技术学院） **指导教师：**薛丽芳

图 8-27 **室内模型 20** 温美欣、周娟、王亦 （湄洲湾职业技术学院） **指导教师：**薛丽芳

图 8-28　室内模型 21　余若晗、洪佳楠（湄洲湾职业技术学院）指导教师：薛丽芳

图 8-29　室内模型 22　敖婷婷、罗子璇、陈倩倩（湄洲湾职业技术学院）指导教师：傅逸娴

图 8-30 **室内模型 23** 朱美娟、许可欣（湄洲湾职业技术学院） **指导教师：**薛丽芳

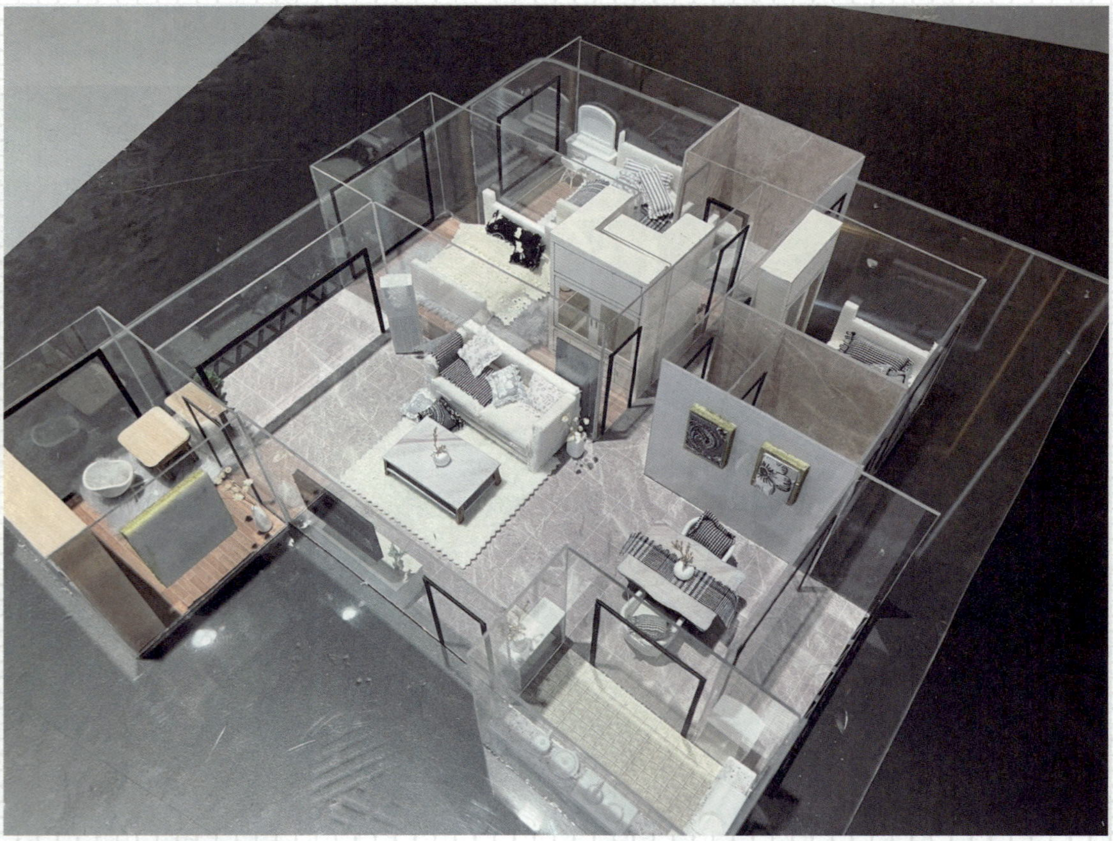

图 8-31 **室内模型 24** 潘静静、唐秒娜 湄洲湾职业技术学院 **指导教师：**薛丽芳

图 8-32　室内模型 25　陈其若、黄宁峥　湄洲湾职业技术学院　指导教师：薛丽芳

参 考 文 献

[1] 郎世奇. 建筑模型设计与制作 [M]. 3 版. 北京：中国建筑工业出版社，2013.

[2] 徐江，龚芸. 景观与室内模型制作实战 [M]. 北京：中国水利水电出版社，2013.

[3] 李斌，李虹坪. 模型制作与实训 [M]. 2 版. 上海：上海交通大学出版社，2013.